人工智能与大数据
技术大讲堂

U0168104

# 人工智能极简编程入门

## （基于Python）

张光华 贾庸 李岩◎著

机械工业出版社
China Machine Press

图书在版编目（CIP）数据

人工智能极简编程入门：基于Python / 张光华，贾庸，李岩著. —北京：机械工业出版社，2019.4
（2021.8重印）

（人工智能与大数据技术大讲堂）

ISBN 978-7-111-62509-4

Ⅰ. 人… Ⅱ. ①张… ②贾… ③李… Ⅲ. 人工智能－程序设计 Ⅳ. TP18

中国版本图书馆CIP数据核字（2019）第071872号

# 人工智能极简编程入门（基于 Python）

出版发行：机械工业出版社（北京市西城区百万庄大街 22 号 邮政编码：100037）

责任编辑：欧振旭 李华君　　　　　　　　　责任校对：姚志娟

印　　刷：中国电影出版社印刷厂　　　　　　版　　次：2021 年 8 月第 1 版第 3 次印刷

开　　本：186mm×240mm　1/16　　　　　　印　　张：16　　字　　数：350 千字

书　　号：ISBN 978-7-111-62509-4　　　　　定　　价：69.00 元

凡购本书，如有缺页、倒页、脱页，由本社发行部调换

客服热线：（010）88379426　88361066　　　　投稿热线：（010）88379604

购书热线：（010）68326294　　　　　　　　　读者信箱：hzit@hzbook.com

版权所有·侵权必究

封底无防伪标均为盗版

本书法律顾问：北京大成律师事务所 韩光/邹晓东

*I hear and I forget, I see and I remember, I do and I understand.*

不闻不若闻之，闻之不若见之，见之不若知之，知之不若行之；

学至于行之而止矣。

# | 推荐序 |

2017 年 3 月,我得知 Ian Goodfellow、Yoshua Bengio 和 Aaronn Courville 合著的深度学习教科书 *Deep Learning* 要出中文版的消息。此前,新智元就已经在我们的微信公众号平台推荐了该书的英文版,获得了业内专家和读者的一致好评。

深度学习将是未来相当长一段时间内引领最新这一波人工智能浪潮的前沿技术。而 *Deep Learning* 这本书将会成为人们从事人工智能研究和构建深度学习产业应用及智能化社会框架的绝好理论抓手。在新智元的牵头下,我与业内十余位大咖一起为该书的中文版撰写了推荐语,并且很高兴地看到了这本人工智能领域的经典图书荣登当年的 IT 畅销书榜单。

由"AI 精研社"组织技术人员创作的"人工智能与大数据技术大讲堂"这一丛书,从多个角度全面解读深度学习,其创作团队由清华、北大、中科院、阿里、腾讯、百度等众多高校或企业的一线算法研究员和工程师组成,图书内容上不仅提供了丰富的案例,还附有实际的工程代码,对相关的理论和技术做了深入浅出的阐述,为学生、开发者和工程师提供了一套人工智能立体化学习解决方案,强烈推荐给每一位关注并且有志于精通深度学习的人士。

如今,深度学习技术已被成功地用于语音识别、图像处理和机器翻译等众多产业应用中,人工智能与大数据、云计算和工业互联网的融合将赋予个人与企业巨大的发展潜力,人类在社会中的角色正在被重新定义。

新智元作为中国智能+主平台,见证了人工智能成为时代潮流,见证了中国企业成为全球互联网主角之一。与掌握 AI 技术的智者同行是新智元之幸。眼下,中国的人工智能正迎来全新的竞争挑战与生态建设契机。时不我待,愿每位读者能利用 AI 工具赋能社会,赋能人类,共同成就 AI 的新世界!

新智元创始人兼 CEO　杨静
2019 年 3 月

## 为什么要写这本书？

　　一只"阿法狗"为全世界打开了一条窄窄的门缝，通往未来之门就此展现。以深度学习之名，人工智能第三次兴起。人类社会已经进入了人工智能与大数据时代。大数据与概率统计的相关知识、工具已经从某个领域的专业课成为当代社会的通识课。当下，主动拥抱新变化，积极学习新知识愈发显得重要。很多人积极投入热情、时间和金钱后，没能坚持多久，就中断了学习。也有很多人对此表示观望，甚至自我放弃，觉得自己的基础不足以把握这次机会。

　　学习本应是一件轻松愉快的事，这是因为探索与解释是人类的天性。专业学习通常还是投入产出比极高的一件事，尤其是当代社会，真才实干者通常会获得合理而丰厚的回报。

　　但是很多计算机类的书籍，不仅没能帮助初者更高效地进入专业领域，反而浪费了读者的时间，打击了初学者的积极性。这是因为，很多书的作者几乎没有对初学者关怀的意识，没有设身处地地为初学者考虑，没有量身定制地为初学者优化。甚至很多书中的内容仅仅是对官方文档的"搬运"。

　　本书尝试介绍一个新的学习主张，用以帮助初学者轻松而高效地入门人工智能这一专业领域，同时也可以用来衡量一个学习资源是否可以帮助初学者，轻松高效地从入门级别成长为专业的合格人才。

　　仅凭一本书，确实很难帮助零基础、弱基础的读者入门人工智能，因此本书的作者团队准备了一套丛书"人工智能与大数据技术大讲堂"，给读者提供零基础入门人工智能的解决方案。通过该解决方案，可以帮助读者成为合格的人工智能算法工程师。即使读者最终没有完成整个丛书的学习，而是只学习了前半部分，也可以很好地理解和适应人工智能与大数据时代。

## 本书特色

- **贴心**：本书是市场上同类书籍中学习门槛极低的书籍，只要读者具备基本的数学能力与计算机操作能力，就能轻松、高效地入门人工智能算法。从第一行代码到最后一个要点，读者只需要按顺序学习，即可顺利理解和掌握，而无须额外搜索和查找。

- **完整**：通过"图书+视频+GitHub+微信公众号+学习管理平台+群+专业助教"构成完整的学习资源，建立立体化的学习模式，通过从最低门槛到专业岗位的全路径设计学习计划，以及大量线上、线下互动，形成完整的学习解决方案。

- **生动**：本书将课堂互动搬到书中，现场感十足。书中以"轻松幽默的语言+生动的故事情节"讲解每个知识点，以保障读者全程都可以轻松学习，从而避免由于枯燥和晦涩而导致学习的中断。本书将学习知识点的过程转换为与知识点交朋友的过程，全方位呵护、培养和提高初学者的学习兴趣、学习热情和学习动力。

- **易懂**：本书全面贯彻 learning by doing 的学习理念。因为具象的代码比抽象的概念更易于理解和掌握，所以本书将抽象的理论知识融入具象的代码中，再通过对代码运行结果进行分析和总结，从而提炼理论，帮助初学者掌握重要的概念和原理，并以易懂的语言将核心知识点以细粒度的分解示例进行详尽讲解。

- **透彻**：本书全面贯彻 understanding by creating 的学习理念，通过手把手带领读者完成精心设计的原创示例代码进行学习，对基础且重要的核心理论进行多角度讲解，让读者循序渐进地体验和总结应用，最终达到对精要知识点的透彻理解，从而建立学习信心，为后续的学习打下坚实的基础。

- **实用**：本书通过精心设计的知识点与大量的原创示例，带领读者体验知识的价值。读者在理解重要原理的基础上，可以亲手实现代码，熟练运用理论分析，解决实际问题，从而以最少的时间和最低的成本，真切感受算法的魅力。

## 本书内容

本书共 8 章，分为 3 篇。

**第1篇 语法篇**

第 1 章零基础入门 AI 解决方案，介绍了专为初学者关怀而提出的学习新主张，给出了具体可操作的学习建议，并提供了后续学习的精选优质资源。

第 2 章环境搭建，介绍了开发环境的选择、搭建策略及具体操作步骤。

第 3 章零点一基础入门 Python，以实用性极强的案例为主线，极为详尽地讲解了入门人工智能中深度学习与大数据分析所需要的 Python 编程基础知识。

第 4 章最简体验数字图像，在第 3 章的基础上，手把手带领读者学习数据可视化的常用工具 Matplotlib。

第 5 章最简体验数组，在第 4 章的基础上，手把手带领读者学习数字图像处理、深度学习计算及大数据分析等多个领域的重要基础工具 Numpy。

**第2篇　算法篇**

第 6 章最简体验卷积运算，从最简单易懂的示例开始，循序渐进地讲解了卷积运算的原理和实现代码，以及卷积运算在深度学习算法中的作用。

第 7 章综合案例之滑动窗口示意图，换一个角度认识和理解卷积运算，同时帮助读者进一步熟练掌握 Python 和 Matplotlib。

**第3篇　综合篇**

第 8 章源码解读，带领读者综合使用前面章节中所掌握的基础知识，解读最经典的示例源码。解读源码既是重要的工作能力，也是主要的学习手段，所以需要读者很好地掌握。

## 本书示例代码说明

本书在示例代码的组织与呈现方式上进行了专门设计，尽可能地帮助读者轻松高效地掌握每一个重要知识点。

- 每个示例代码文件的编号与书中的插图编号相同，以方便读者查找、参阅。
- 每个示例代码文件分为两部分：铺垫代码与焦点代码。铺垫代码来自于前面的示例，是已经掌握的旧知识点；焦点代码则是为了方便读者快速定位的新知识点。

例如，下图所示便为第 8 章图 8-31 所对应的示例代码。

示例8-31 Last Checkpoint: 9 minutes ago (autosaved)

View　Insert　Cell　Kernel　Navigate　Widgets

**1　铺垫**

来自示例 8-29

```
In [ ]:    1  %pylab inline
           2  fig, ax = plt.subplots()
           3  tks = plt.xticks()
```

**2　示例 8-31**

```
In [ ]:    1  tks[0] == ax.get_xticks()
```

其中，铺垫代码来自于示例 8-29，而焦点代码只有一行，这样读者既可以复习旧知识点，与旧知识点建立联系，又可以迅速抓住重点，高效地学习新知识点。

## 本书读者对象

本书适合以下读者阅读：
- 对人工智能和机器学习感兴趣的读者；
- 对深度学习和计算机视觉感兴趣的读者；
- 对大数据分析、数据挖掘和数据科学感兴趣的读者；
- 讲授人工智能、机器学习、深度学习、大数据分析、数据挖掘和数据科学课的老师（提供师资培训与教案）；
- 希望提升自己通用竞争力的读者。

阅读本书的读者只需具备以下条件：
- 初步的数理知识；
- 基本的电脑操作能力；
- 智能手机操作能力。

即使不能满足上述条件，也可以通过本书作者团队提供的专业助教补齐相关基础。

## 本书配套资源获取方式

本书提供的配套学习资源需要读者自行下载。有以下 3 种途径：

（1）请在华章公司的网站 www.hzbook.com 上搜索到本书，然后单击"资料下载"按钮进入本书页面，再单击页面上的"配书资源"链接即可下载。

（2）访问 https://github.com/MachineIntellect/DeepLearner 获取。

（3）关注微信公众号"AI 精研社"，点击"入门"→"AI 入门"获取，或直接发送文字"入门"获取。

## 勘误与售后服务

本丛书中的每本书与其他同类图书的最大不同在于**切实注重读者的学习体验**。我们真诚地希望得到广大读者的阅读反馈，以便于我们不断地改进和迭代，从而不断地提升读者的学习体验和学习效果。

由于是第 1 版图书，虽然作者团队为此已经投入了累计上万小时的工作量，对书中的内容经过了反复测试和迭代改进，但仍然难免偶有谬误或讲述不确切、不清楚和不顺畅的地方。我们在此邀请各位读者积极地参与到本书的售后反馈活动中。您在阅读本书时若有疑问或者发现了书中的疏漏，都可以在本书的 GitHub 页面指出，或者直接发送相关的问题描述至微信公众号"AI 精研社"，也可以根据公众号的菜单提示添加值班客服或助教以获得帮助，我们将及时做出解答，并尽快将疏漏更新在勘误表中。我们欢迎一切关于本书的意见、建议、问题、指正、讨论和其他各类反馈。

信公众号"AI 精研社"二维码

## 本书作者

本书由清华大学的张光华博士，以及"AI 精研社"的贾庸和李岩主笔编写。其他参与策划、设计、编写与审校的人员（按姓名拼音排序）还有阿珠（中国科学院自动化所）、宝尔金（中国科学院自动化所）、陈潇、丁火（中国科学院自动化所）、丰子一、何戈文（佛罗里达大学）、何嘉庆、黄向生（中国科学院自动化所）、黄子凌[台湾"清华大学"（中国台湾）]、胡晓野、贾子娴、靳博洋、李赓飞、绫夜、林灵锋（中国科学院深圳先进技术研究院）、刘聪（中南大学）、李燚、李玉惠（恒安嘉新）、卢建东、唐唐、王立宁（阿里巴巴）、王鑫（万摩数字）、吴宪君、吴轶男、徐铁丰、杨海华（百度）、叶虎（腾讯）、殷荣（中国科学院信息工程研究所）、余欣航（北京大学前沿交叉学科研究院）、张家欢、张梦、张宇泰（京东之家）。在此一并感谢！

## 致谢

在策划整个丛书与本书的写作过程中得到了很多前辈、专家和行业领袖的指导、支持和帮助。作者团队的家人与诸多好友也为此投入了大量的时间和精力。在此向他们表达诚挚的谢意！

还要特别感谢贾庸的人生合伙人——坏妈！写作本书占用了贾庸大量原本属于家庭的时间，而坏妈不仅承担了照顾家庭、教育小坏的全部责任，还不断地鼓励他。为了表达对坏妈的感激，见证贾庸对坏妈的爱恋，在这里专门撒下这把"狗粮"：管他宏观与微观，只有你与我有关！

在此还要特别感谢负责本书的编辑！润物细无声的催稿，邮件秒回的响应速度，不厌其烦的修改和完善，这都是本书得以更加完善的重要因素。

还要感谢本书的作者团队，以及丛书的策划团队与技术、内容和教学支持团队！

此外还有很多匿名小伙伴和热心网友也给出了极有价值的反馈，也在此一并表示感谢！

最后感谢各位读者，尤其是那些为本书提出意见或建议，以及反馈疏漏的读者！

作者<br>于北京

# |目录|

# 第 2 篇　算法篇

# 第 3 篇 综合篇

# 第 1 篇
## 语法篇

# 第 1 章　零基础入门 AI 解决方案

2015 年，一条阿法狗（AlphaGo）让普通大众看到了一个新时代大门的开启，虽然只是一条窄窄的门缝，但从中可以看到未来无限的可能。随后，无人车、无人超市、无人银行的新闻报道铺天盖地。刷脸解锁也已经成为智能手机的标配。这背后都是人工智能在发挥作用。

其实，在阿法狗之前，使用某宝或某东网购时，或使用某歌或某度搜索时，我们早已经在使用人工智能了。

越来越多的小伙伴想要了解人工智能，学习人工智能。本章将帮助这些爱学习、求上进的小伙伴们对人工智能建立初步的直观感受，并给出针对性的入门解决方案。

## 1.1　AI 极简史（选修）

AI 是 Artificial Intelligence 的缩写，译成中文就是人工智能。起于 2006 年，发于 2012 年，火于 2015 年的新一波人工智能热潮[1]，基本上让人工智能这个词达到了无人不知的程度。

在 Hinton、LeCun 和 Bengio 这 3 位专家默默付出和多年耕耘的基础上，Alexnet 于 2012 年横空出世，对业界产生了巨大的影响。彼时普通大众还基本没有感知。

直到 2015 年，阿法狗的横空出世，让人工智能进入了普罗大众的视野。

随着 AI 热度的不断攀升，越来越多的企业参与到这波热潮中。除了传统的互联网巨头外，像卖摄像头的、造挖掘机的等各类公司都华丽地变身成为 AI 企业，这不是在开玩笑，是真实发生的事。

随着更多的人才、资金和企业在 AI 上的投入，AI 也取得了更多的进展。

AI 已经在围棋（AlphaZero）和《星际争霸》（AlphaStar）上全面战胜了人类选手，并且还在积极探索更多的领域。

随着越来越多的企业转型 AI，越来越多的童鞋（为了让讲解的风格更加活泼，本书中会沿用一些网络用语和昵称，具体会在 1.7 节中给出）也逐渐把 AI 作为自己的兴趣爱

---

[1]　之前的两次热潮，分别是 20 世纪 40 年代到 60 年代的控制论，以及 20 世纪 80 年代到 90 年代的联结主义。花书和瓜书中有更多的讲解，大家可以自行查阅，本书不再赘述。

好、专业方向及职业发展目标。

在 All in AI 之前，先简单地了解一下 AI 及其相关领域，这可能会对童鞋们选择自己的兴趣方向有所帮助。

# 1.2　AI 极简介

首先说明，人工智能不是只有以下三大领域哦，这里只是为了让萌新们把大词、热词与直观的生活体验联系起来，对人工智能有一个初步的直观感受。

说明结束，翠花，上酸菜！哦，不对，应该是来个魔方！

纳尼？不是要讲人工智能吗？为嘛要拿出个魔方！这是因为，人工智能的三大领域对应的正好是咱们人类玩魔方的过程。

那么，咱们人类玩魔方的过程是怎样的呢？我们按步骤来拆解说明。

So，玩魔方有几步呢？把大象装进冰箱有几步，玩魔方就有几步。

（1）看！首先要看到魔方每个面中的每个方块的颜色和位置，这一步中还有个子步骤，就是整体转动，这是为了观察颜色和位置。

（2）想！这个过程可能很快，但是一定要有，对此有疑问的童鞋请到群里讨论。

（3）转！这次是一层一层地旋转，是为了令每一面的颜色复原。

前面这 3 步对应着人工智能的三大领域，分别是表征、决策和控制。

为了方便说明，我们给这个用来玩魔方的人工智能程序起个名字，叫阿法喵。

人类的第一步是"看"，相应的,阿法喵的第一步是表征学习（Representation Learning）。

## 1.2.1　认识颜色：表征学习与深度学习

人可以通过眼睛看到方块的颜色和位置，识别方块的颜色和位置。那阿法喵如何看到呢？不少童鞋已经抢答正确了，没错，是摄像头！但是，摄像头传给阿法喵的是数据，阿法喵如何从这些数据中解读出颜色和位置呢？这就要用到表征算法。这几年推动人工智能重新崛起的主要因素之一就是深度学习（Deep Learning）算法，它属于表征算法的一种。

上面这段话有点长，再直白点说，就是如何让阿法喵认识不同的颜色，如这个方块是白色，那个方块是红色，在识别颜色的时候，还要准确地识别这个方块的位置。这个就是表征学习。

这一点对咱们人类似乎很容易，即使 3 岁的儿童也能准确地分清楚它们是不同的颜色，并且可以判断哪几个方块是相同的颜色。但是，对于阿法喵来说，这个很难。由于光照、角度、颜色算法及其他因素，阿法喵常常会把红色和橙色搞混。

那怎么办呢？最 low 的办法就是把红或橙的其中一个颜色涂成黑色。如果还要问，到底把哪个涂成黑色呢？建议选橙色。如果还要问，为什么选橙色呢？因为不同光照下，阿法喵对橙色识别得不好，而对黑色识别得更准确，这里给阿法喵降低难度。

虽然 low，但是能解决问题就好。

那有没有不那么 low 的操作呢？有的，可以近距离一个方块一个方块地扫描识别。大家可以输入网址 https://www.bilibili.com/video/av40576107/?p=1，观看视频，看看阿法喵为了识别颜色有多么拼。

发送"魔方"到"AI 精研社"可获取 URL。

但是显而易见，这效率太低了！

有的童鞋会安慰说，2 分钟多一点，其实还好啦。确实是，但是世界总是向前发展的，魔方界也是一样的，成为更快的 Solver 是魔方玩家的荣耀哦！

回到表征学习的问题上来，在深度学习出现之前，科学家们需要手工设计算法和参数（如 HSV 和 RGB 的值），让阿法喵来识别出每个方块的颜色和位置。

深度学习出现后，科学家们只需要准备几百张或几百万张图（数据集）；告诉阿法喵，这几十张（或几十万张）图中的颜色是红色（标注），另外那几十张（或几十万张）图中的颜色是白色（标注）；然后让阿法喵自己去学习，红色的 RGB 是多少，白色的 HSV 是多少，或者其他用于识别颜色的指标、数值，通通由阿法喵自己领悟。

前面这段中，把红色作为标注，是为了与整体的举例（魔方）衔接，但可能会引起误解，因此有必要再举一个例子来说明。这次我们想要训练阿法喵识别香蕉和苹果，那么就给阿法喵 3000 千张图。

- 1000 张香蕉图片，用数字 1 表示（可以自定义）；
- 1000 张苹果图片，用数字 2 表示；
- 1000 张既不是苹果也不是香蕉的图片，用数字 0 表示；

每张图是阿法喵的学习材料，每张图对应的 0、1、2 就是这张图的标注[2]。

阿法喵真的能自己学会？必须的！

在我们的日常生活中已经广泛应用了这种技术。最具代表性的就是各种刷脸应用，如刷脸解锁、刷脸支付、刷脸检票和刷脸签到等。童鞋们身边还有哪些刷脸应用，欢迎到公众号后台留言哦！

让阿法喵具备这种学习能力的基础就是卷积运算（Convolution Computation）与深度神经网络（Deep Neural Networks）。

本书从第 2 章开始，将带领大家从零基础开始，逐步掌握 Python 编程，理解计算机视觉（ComputerVision,CV）概念，并在此基础之上，初步理解并掌握卷积运算。

## 1.2.2　该往哪边旋转：决策科学

还记得玩魔方的第二步吗？抢答正确！是"想"。孔子他老人家告诉我们，阿法喵不

---

2　实际过程会更加复杂，但是基本原理是一致的。

能只会学，不会思考，正所谓学而不思则罔。这个思考的过程，让阿法喵能自己作出"先转哪一层，该往哪边转"决定的算法，就属于决策科学的范畴了。

这个领域最著名的算法就是"阿法狗"了，根据棋盘上的局势，判断怎样的落子对自己更有利。

象棋中，对方走了"当头炮"之后，阿法狗是应该"把马跳"还是"支起士象"，这些都属于决策科学。

"阿法狗"缔造者 DeepMind 主要用到的算法是深度强化学习（Deep Reinforcement Learning）。应用了深度强化学习技术的机器人，已经可以在多个智力对抗类的游戏中战胜人类了，这方面的新闻童鞋们自行了解即可，也欢迎到群里讨论。

需要说明的是，深度强化学习只是决策科学的一部分哦！不是所有的决策只能通过深度强化学习算法来做出。

以魔方为例，可以用深度强化学习的技术来玩魔方，也可以用专门的魔方算法来玩魔方。区别在于，专门用于玩魔方的算法只能用于玩魔方，不能用来玩 Flappy Bird，更不能用来打《星际争霸》，所以这样的算法叫做专用人工智能。与此相对的，是通用人工智能 Artificial General Intelligence （AGI）。

DeepMind 团队致力于通过深度强化学习技术来实现通用人工智能，并且已经取得了一些非常有趣的成果[3]，感兴趣的童鞋们可以通过以下 URL 访问其官方网址以进一步了解，网址是 https://deepmind.com/。

## 1.2.3　转起来：控制论

玩魔方的第三步是"转"，控制手，拿起魔方转动魔方。对于咱们人类而言，这种操作的难度显然是婴儿级别的。但是对于人工智能的机器人而言，是非常复杂的一系列问题。

在视频中大家都看到了，机器人阿法喵（虽然长的一点都不像人）通过机械臂操作魔方，旋转魔方。有兴趣了解更智能、更酷炫的机器人的童鞋，可以搜索"波士顿动力"（Boston Dynamics），也可以访问其官网进行进一步了解，网址是 https://www.bostondynamics.com/。

从简单的机械臂，到复杂的人形机器人跑酷，这背后涉及的是控制论与机器人学，除了传统的控制论，越来越多的研究机构在尝试使用强化学习（Reinforcement Learning）算法来解决控制问题。

## 1.2.4　自动驾驶与 AI 三大领域

简单地了解了玩魔方的三步后，同样的套路也可以用在自动驾驶领域。"看"，要让汽

---

3　有关决策的例子，最为大众熟知的当属阿法狗（后来升级为阿法元）。其实在阿法狗之前，DeepMind 研发的算法已经可以让同一个 AI 程序学会玩不同 Atari 的游戏，并且在多个游戏中能达到超越人类玩家的水平。目前这个领域中最新也是最有趣的问题之一，就是让 AI 程序操作《星际争霸》游戏进行对战。

车自己能够看到并看懂路、车道线，看到行人、其他车辆、障碍物、路标交通信号灯；"想"，要让汽车自己能够做出决策，是加速、减速还是刹车，应该以多少的车速在什么位置转向；"转"，将决策转换成汽车部件的控制信号，同时保障车内乘客与车外环境的安全。

## 1.2.5　有关 AI 三大领域的解释说明

前面以玩魔方为例，简单介绍了人工智能相关的几个领域，这对于初学者，可能感觉不够科幻，与原本想象的人工智能相差甚远。当然这是很自然的事。

因为大众对人工智能的了解，一小部分来源于媒体（其中还包含了大量为吸引眼球的不负责任媒体），一大部分来自于影视作品。但是，从翻开本书开始，亲爱的读者们就已经不再是普通大众了，而是从专业（至少是准专业）的角度了解、学习、研究人工智能的相关领域。

玩魔方的例子旨在为初学者建立直观感受，所以既不全面，也不精准，并且也没有说明当前深度学习技术的能力范围。了解相关方面的更多信息，首选当然是"花书（经典图书 *DeepLearning*）"。

花书 64 页到 65 页中列举了一些"非常常见的机器学习任务"。

花书 104 页第 4 段简洁、清楚地说明了深度学习技术目前可以做什么，尚不能做什么。

随着人工智能技术的发展，越来越多的领域、学科、行业正在与人工智能深度结合。限于篇幅，与人工智能、机器学习、深度学习、强化学习相关的学科、研究方向与应用场景未能详尽解释，相关专家与感兴趣的童鞋欢迎加入社群讨论交流。

数据科学、决策科学、运筹学、机器人学、自动驾驶及其他相关学科门类与人工智能的学科划分请咨询相关学科带头人，本书并无任何划分学科归属的意图。

完成本节的内容后，大家已经对人工智能（AI）、机器学习（ML）和深度学习（DL）这些术语有了进一步的了解。为了提高阅读效率，后续的章节将直接使用 AI、ML 和 DL 这些简写进行讲述。

需要说明的是，DL 只是 ML 的一个子集，而 ML 则是 AI 的一个子集。花书第 6 页图 1.4 中相对清楚、直观地给出了这几个领域与其他领域的涵盖范围及关系。发送"维恩图"到微信众号 AI 精研社，可获取该示意图。

初步了解人工智能的研究目标和应用领域之后，就要讨论如何学习人工智能了。本书将分成 3 部分来讨论，分别是学习主张、学习资源与学习方案。

# 1.3　史上最轻松的入门 AI 完整解决方案

随着 AI 第三次兴起，越来越多的小伙伴都对学习 ML 和 DL 表达了强烈的兴趣。其中一大部分都是零基础或弱基础的读者，而市场上的很多学习资源并没有专门为这些人进行优化，导致很多人以极大的热情开始，却又很快中断学习。

因此，本书的作者团队、客服团队、助教团队及其他支持团队尝试通过本书及助教服务、本系列后续的其他书、配套的视频、微信公众号、论坛、社群及其他互动形式，为童鞋们提供一个最易懂的入门解决方案。

完成该方案后，可以通透掌握《统计学习方法》《机器学习》《深度学习》这 3 本书（详情见 1.3.3 节）中的主要内容，达到国内人工智能领域旗舰企业算法工程师的岗位要求，正式迈进人工智能这扇通往未来的大门。

这个方案可以帮助童鞋们在专业知识的学习上更轻松。但是想要成为一名合格的算法工程师，除了专业知识以外，还有一项重要的能力，即英语。

这里所说的英语，不是用于考试的英语能力，而是可以无须字幕也能听懂专业课程的英语能力（重点在听，入门效率最高），无障碍地阅读英文原版教材、论文的能力（重点在读，是最主要的知识获取方式），用英文撰写技术文章进行专业交流讨论的能力（重点在写，是入门后进一步提升自己的重要方式），用英语进行视频会议现场讨论、汇报演讲的能力（重点在说，基于专业技术背景的口语表达）。

关于如何培养、提高这方面的能力，已经超出了本方案的讨论范围，欢迎有兴趣的童鞋到社群中讨论。

插播结束，以下是正题。

从内容上分，本方案包含以下几个模块：

- 兴趣模块，旨在培养兴趣，呵护兴趣，主要通过公众号文章与视频的形式提供；
- 基础模块，包含入门 ML 和 DL 所需的概率统计、线性代数与 Python 基础；
- 入门模块，正式学习 ML 和 DL 的相关知识，从原理到代码，理论与实践并重；
- 提高模块，选定某一个方向（如推荐系统、人脸识别或机器翻译），进一步深入学习；
- 职业模块，通过实习或相当于实习的多个工业级实战项目，使童鞋们获得实际工作经验，满足相关企业的岗位要求。

以下章节是每个模块的详细说明。

## 1.3.1 兴趣模块

AI 是一场马拉松，所以需要做好长期学习和持续学习的准备。准备之一就包含培养兴趣，呵护兴趣。

培养兴趣甚至可以作为每天的必修课。千万不要觉得自己目前动力十足，但很有可能几个月后，就不能坚持学习了。

因此，在不产生心理抵触的前提下，每天让自己尽可能多地接触 AI 的相关信息，这样可以让自己始终保持与 AI 的亲密关系，在进行专业学习时，也更容易进入最佳状态（也称心流）。

兴趣模块向大家推荐三本书、一部美剧、一部动漫。

第 1 本书有中英文两个版本，英文原版名为 *Moneyball: The Art of Winning an Unfair Game*，作者是 Michael Lewis，中译版名为《魔球：如何赢得不公平竞争的艺术》，译者为小草。以下简称 Moneyball。

该书讲述了一个真实的数据挖掘案例，一名球队经理，预算只有对手的 1/3，成绩排名垫底，通过统计数据选出被低估的球员，打出破历史纪录连胜场次的优异战绩。

2017 年诺贝尔经济学奖得主理查德·泰勒也强力推荐此书。这本书还被改编为电影，由贝尼特·米勒执导，布拉德·皮特主演，名为《点球成金》。

通过阅读这本书，在培养兴趣的同时，还可以提升对数据的感觉，真切体验数据挖掘的威力与魅力，并且可以对读者后续模块的学习起到辅助作用。

第 2 本书是吴军博士所著的《数学之美》。这本书以浅显且生动有趣的方式讲解了数学在密码学、搜索引擎（推荐系统）、自然语言处理及其他多个场景中的应用。

推荐系统、自然语言处理是当前 AI 领域中的热门应用场景，而《数学之美》正好可以作为了解这些应用场景的兴趣读本。

第 3 本书也有中英文两个版本，英文原版是 *Fooled by Randomness: The Hidden Role of Chance in Life and in the Markets*，作者是 Nassim Nicholas Taleb。Nassim 所著的另一本书《黑天鹅》则更被大众所熟知。该书的中文版是《黑天鹅的世界：我们如何被随机性愚弄》译者为盛逢时。这本书可以帮助大家更深入地体会概率在真实世界中发挥的作用。

用于培养兴趣的美剧是 *Numb3rs*，中译名为《数字追凶》，讲述了一系列通过数学、算法帮助 FBI 破案的故事。值得一提的是，康奈尔大学（Cornell University）还专门整理了每一集中所用的数学原理，如图 1-1 所示。

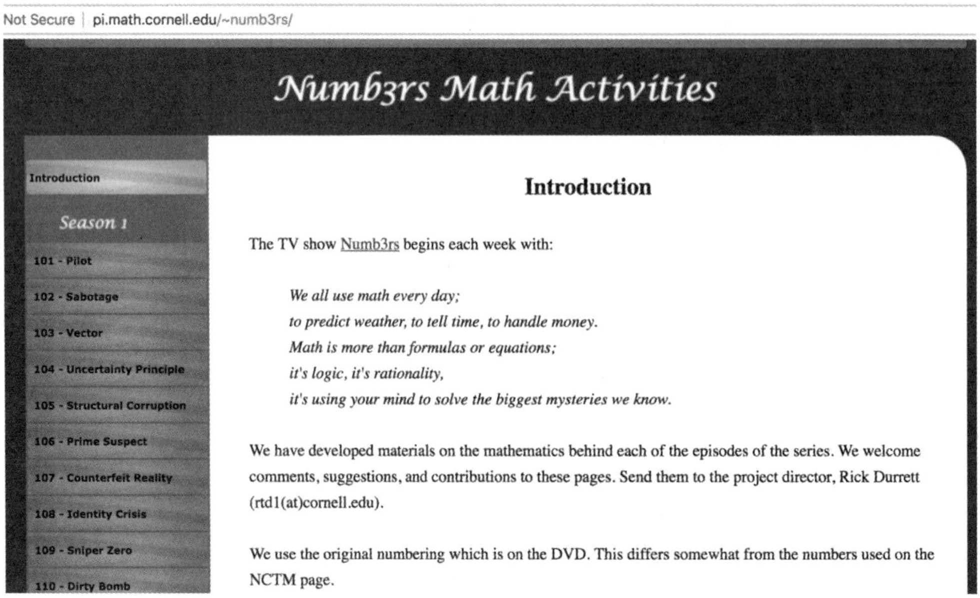

图 1-1　康奈尔大学 Numb3rs 页

想要具体了解的童鞋可以访问网址 http://pi.math.cornell.edu/~numb3rs/，也可以扫描以下二维码，关注本书官方微信公众号"AI 精研社"。

本书官方微信公众号

然后，向公众号发送 FBI（3 个英文字母，不区分大小写）即可获取该链接，如图 1-2 所示。

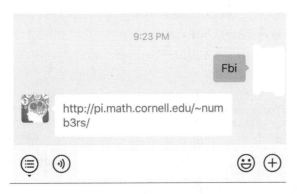

图 1-2　通过向公众号发送关键字获取 URL

后续章节也会用到关键字获取 URL 的操作，因此越早关注公众号，就越方便哦。

向大家推荐的一部动漫是《棒球英豪》，是为了培养大家对棒球的兴趣，增加对棒球规则的了解，为后续学习数据挖掘案例做准备。

更多有关兴趣模块的信息和内容，请访问微信公众号"AI 精研社"。最后需要说明一点，兴趣模块是为专业学习而准备，但不能代替专业学习。

## 1.3.2　入门 AI 所需基础模块

很多 ML 和 DL 领域的参考书、公开课都会明确要求学习课程之前应具备的基础，通常是概率统计、线性代数与编程基础（Python 或 C++）。

　　有不少童鞋（如高中生）是编程零基础，其他两方面也从未接触过，那么就与 AI 无缘了吗？当然不是。本方案充分考虑了这些情况，并专门设计了入门 AI 所需基础模块（以下简单基础模块）。

　　基础模块将 Python 作为基础中的基础，同时也是本书的主要目标之一：帮助大家建立最基本的编程与算法基础。

　　在掌握 AI 所需的 Python 基础（基本方法+Matplotlib+NumPy）后，再以写代码的形式学习概率统计与线性代数。通过亲手完成一系列的示例代码，可以在生动理解概率统计与线性代数中的概念和定理的同时，进一步提升 Python 编码能力。

　　完成基础模块后，大家的编码能力、概率与线性代数基础将能满足入门 AI 的条件，顺利衔接下一模块——入门模块。为什么要这么设计呢？

　　这是因为，AI 是一门实践性极强的学科，其动手能力是从事相关工作的基本要求。所谓动手能力，大部分情况是指 Python 或 C++编程能力。

　　需要说明的是，不是熟练掌握了 Python 或 C++就一定是合格的 AI 工程师。但如果不能熟练掌握 Python 或 C++，则一定无法成为一名合格的 AI 工程师。本系列的最终目标，是帮助读者成为合格的 AI 工程师。而想要从零基础（高中基础）开始成为合格的 AI 工程师，学习 Python 无疑是最便捷的方案。

　　读者可以通过亲手写 Python 代码，生动理解二项分布、正态分布与中心极限定理，如图 1-3 所示。

```python
from scipy.stats import binom
fig, ax = plt.subplots()
rv = binom(200, 0.5)
x = np.arange(75,125)
ax.vlines(x, 0, rv.pmf(x), colors='k', linestyles='-', lw=1)
# ms stands for markersize
ax.plot(x, rv.pmf(x), 'bo', ms=8)
```

[<matplotlib.lines.Line2D at 0x11e350d68>]

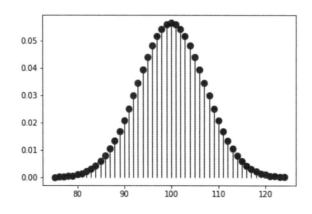

图 1-3　Python 辅助理解中心极限定理

读者还可以通过亲手实现 Python 代码，理解向量、三维与高维空间问题，如图 1-4 所示。

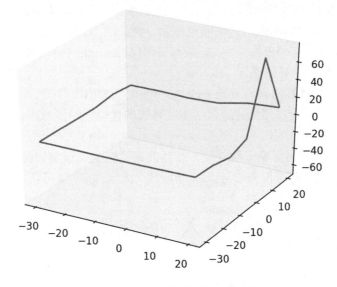

图 1-4    Python 辅助理解三维空间

对中心极限定理和三维空间知识没有完全掌握的童鞋也丝毫不用担心，基础模块设计之初就假定大家不熟悉这些概念，因此将会从日常生活中最普遍、最易懂的例子（如抛硬币、掷骰子）讲起，循序渐进、抽丝剥茧地掌握这些重要概念并落实在代码上。

基础模块中除了本书（Python 基础）及后续书籍以外，还推荐了以下参考书。

线性代数基础，推荐 *Introduction to Linear Algebra*，作者是 Gilbert Strang，MIT（麻省理工学院）教授。向微信公众号"AI 精研社"发送 LA，即可获取相关配套视频。

概率基础，推荐 *Introduction to Probability. 2nd ed*，作者是 Bertsekas Dimitri 与 John Tsitsiklis，MIT（麻省理工学院）教授。中译版为《概率导论（第 2 版·修订版）》，译者为郑忠国和童行伟。向微信公众号"AI 精研社"发送 SP，即可获取相关配套视频。

## 1.3.3    入门模块及其他

入门模块包含两个子模块，即数据挖掘（ML）和深度学习。

数据挖掘（ML）子模块通过真实案例，帮助童鞋们进一步理解数据、概率与基础的机器学习算法，熟练使用概率统计和 ML 工具解决真实世界的真实问题。

在完全掌握数据挖掘（ML）子模块后，童鞋们将具备轻松学习 DL 的基础。

机器学习领域中有不少经典教材（如 PRML、MLAPP），但是入门模块无法一一做支持，只好从众多经典书籍中选出以下 3 本最适合中文读者的教科书（按出版时间）：

●《统计学习方法》，作者为人工智能领域著名专家李航老师。

- 《机器学习》，昵称为瓜书，或西瓜书，作者为人工智能领域著名专家周志华老师。
- 《深度学习》，昵称为花书，是英文原版的中译版。原著作者是 Ian Goodfellow、Yoshua Bengio 和 Aaron Courville，译者是赵申剑、黎彧君、符天凡和李凯，由人工智能领域著名专家张志华老师审校。英文原版可以访问网址 http://www.deeplearningbook.org，无广告、免注册、免费阅读。

向微信公众号"AI 精研社"发送 DL，即可获取该 URL。

除上述教科书外，互联网上还提供了更多形式的优质学习资源，1.4 节中将对此进行简单介绍。

提高模块、职业模块将更多地以线上互动的形式完成，详情请关注微信公众号"AI 精研社"或联系助教。向微信公众号"AI 精研社"发送 TA，即可获取助教联系方式。

# 1.4　入门好资源

当前的这一波人工智能热潮中，诞生最多的不是 AI 企业家也不是 AI 科学家，而是 AI 学习资源收藏家。动辄几百 GB 或几千 GB 的资源，在朋友圈、微信群和公众号中此起彼伏，络绎不绝。但如果细问这些收藏家们，这些资源中他们自己有没有认真学习并掌握其中的百分之一或千分之一，回答基本上都是否定的。因此，本书在扩展阅读与参考资料的选择上极为谨慎，生怕把读者引到收藏家的路线上去。

本书主要的目标读者是零基础读者，而市场上的大部分文章、视频和书籍都是不适合的，至少要在学习完本书后才合适。因此，以下介绍的书和课程都不是面向纯零基础的读者 [4]，不建议大家现阶段就"裸学"，而是建议大家在认真学习完本书后，再有选择地学习或参考这些资源。

如果非要在以下的资源中选一样推荐给纯零基础的初学者，微软与 edX 合作的课程恐怕是唯一的选项，但前提是英语不要太渣哦！

## 1.4.1　慕课（MOOC）

在 2011 年到 2012 年的一年时间里，美国三大慕课平台 Udacity、Coursera 和 edX 相继创立，让全球的学习者足不出户就可以学习到最顶尖大学教授开设的专业课程。

这些平台不仅提供了系统、优质的课程内容，还提供了相应的课程管理和学习管理系统，让内容提供者、组织者和学习者可以高效地完成课程实施及管理。这些平台都提供了优质的人工智能系列课程，其中最著名的是吴恩达老师的机器学习和深度学习两门课程。

---

4　在本书之前，市场上并没有专门为纯零基础的人进行针对性设计的学习资源。那么，为什么 1.4 节的标题还是"入门"呢？因为，1.4 节列出的资源确实是相关领域中的入门经典，只是这里的入门面向的是相关专业的本科生或硕士研究生，并不是数学、英语和编程都较弱的纯零基础初学者。

此外，微软与 edX 合作推出的 Microsoft Professional Program in Artificial Intelligence 也非常值得一看，而且这个系列恰好符合本方案的一部分设计思路，即基础的数据分析知识对理解机器学习与深度学习有很大帮助。

该课程的 URL 为 https://www.edx.org/microsoft-professional-program- artificial-intelligence，向微信公众号"AI 精研社"发送 MS，即可获取该 URL。

## 1.4.2 框架

学习阶段为了搞清楚原理，深刻理解核心概念，有时需要从零开始写代码以实现某些功能。但是在实际工作中，从零开始写代码的效率太低，所以通常是基于业界成熟的框架及 GitHub 上的开源代码进行二次或三次创新。以下是常用框架及其官网地址（按名称的首字母排序）。

- Caffe，网址为 http://caffe.berkeleyvision.org/；
- Caffe2，网址为 https://caffe2.ai/；
- Chainer，网址为 https://chainer.org/；
- CNTK，网址为 https://www.microsoft.com/en-us/cognitive-toolkit/；
- Keras，网址为 https://keras.io/；
- PaddlePaddle，网址为 http://www.paddlepaddle.org/；
- PyTorch，网址为 https://pytorch.org/；
- MXNet，网址为 https://mxnet.incubator.apache.org/；
- TensorFlow，网址为 https://www.tensorflow.org/或 https://tensorflow.google.cn/。

向微信公众号"AI 精研社"发送 FW，即可获取上述内容及更多介绍。

## 1.4.3 社区

一味地埋头苦学，而忽视与同学、同行的交流可能导致低效；到高质量的社区中与同行们交流，往往会有互相促进的效果。下面为大家介绍几个社区，学习累了可以到上面转一转，聊一聊。

### 1. GitHub社区

GitHub 是全球最大的码农社区，资源相当丰富，尤其是人工智能领域优秀的开源项目，几乎都发布在 Github 上。例如，TensorFlow 官方提供的目标检测示例，包括文档+代码+运行结果，网址为：

https://github.com/tensorflow/models/tree/master/research/object_detection。

### 2. Kaggle平台

Kaggle 创立于 2010 年，是全球最大的数据科学与机器学习竞赛平台，很多著名企业都会在这个平台上发布赛事。其实，Kaggle 不仅仅是发布赛事的相关信息，而且连数据、代码和 notebook 都有提供，非常适合掌握一定基础后的新人积累实战经验，甚至有些内容专门是给新人准备的哦。

### 3．Gluon中文论坛

前面介绍的两个社区中大部分内容都是英文，而很多小伙伴更喜欢看中文内容。对于这些小伙伴，Gluon 中文论坛值得关注一下，上面不仅有系统的课程，还有大量优秀的小伙伴们一起互动，论坛的主要管理者（也是课程的主讲）是亚马逊 AI 主任科学家李沐老师与他的同事们（同样优秀帅气）。

## 1.4.4　数据集

当前深度学习的发展离不开大规模数据集，在实际项目中，数据的质量、数量对最终效果有很大影响。因此，在入门、学习和研究的不同阶段，选用相应的数据集也会对学习和成长过程的效率产生一些影响。

入门级的数据集已经集成到新一代的深度学习框架中了（如 Keras、PyTorch 和 MXNet），在框架的官网上有相应的介绍，在实际使用中调用框架的 API 即可，不需要再手动下载，具体使用示例在相应框架的官网中都有介绍。本书也欢迎童鞋们以最简体验方式编写 notebook 来介绍这些数据集及 API，掌握本书的知识点后，就完全可以胜任这个项目了哦！

各大社区中经常会有数据集链接（如 Kaggle、GitHub），而且经常更新，因此不再花更多篇幅介绍，这里简单列举以下 3 个数据集链接。

ImageNet 推动了 DL for CV 的发展，与 ImageNet 规模相当的另外两个常用数据集是谷歌的 openimages 与微软的 COCO，网址如下：

- https://storage.googleapis.com/openimages/web/download.html；
- http://cocodataset.org/#download。

值得一提的是，美国政府官方（Official website of the U.S. Government）也提供了一个数据集平台，同样是无须注册登录就可以直接下载。网址如下：

https://www.data.gov/about。

向微信公众号"AI 精研社"发送 DS，即可获取上述内容及更多介绍。

## 1.4.5　论文

完整掌握吴恩达老师的深度学习微专业之后，就可以一边"啃"花书，一边研究论文了，很关键的一点是，千万不能只停留在看的阶段，而一定要亲自动手复现论文。

以下两个平台提供了人工智能领域（及其他一些领域）中较全、较新的论文。

- arXiv，由康奈尔大学（Cornell University）管理，网址为 https://arxiv.org；
- OpenReview，由马萨诸塞大学安姆斯特分校（University of Massachusetts Amher）管理的论文评审平台，网址为 https://openreview.net 。

### 1.4.6　公司

掌握了图书或 MOCC 中的知识，并掌握了框架的使用，在社区中与同学、同行交流并掌握了前沿成果，发现自己的不足并弥补，这些环节都走完之后，就需要考虑实习了。

到优秀的公司中实习是获取实战经验最高效的方式，下面为大家介绍几家有代表性的公司。

进入一家单位（公司或科研机构）实习，最重要的价值显然不是收入，而是这家单位可以在多大程度上帮助自己提高。帮助你在人工智能领域走得更快、更远的单位通常具备以下 3 个特征：

- 研究能力，能帮助你写出高质量的论文；
- 工程能力，能快速地将研究成果转化成高质量的产品；
- 社区意识，IT 行业，特别是软件和互联网行业得以领跑全球经济，社区的贡献不容忽视。主流的人工智能·深度学习框架纷纷开放自己的源代码，而且人工智能领域的最新科研成果也会在第一时间提交到 arXiv 上，全球任一地方、任何人都可以免费地获取这些高质量的资源。

几乎所有人工智能领域的从业者、科研机构和公司都是基于这些资源才得以进行自己的再次创新。

通过一个指标可以简单地衡量一家公司是否同时满足上述 3 个特征，即论文复现。如果一家公司的员工可以高质量地复现顶会顶刊论文，并且乐于分享其复现，那么这家公司有很大的概率可以帮助新人快速高质量成长。

由于市场瞬息万变，纸质图书的出版、更新需要一定的周期。同时，符合上述条件的用人单位（公司、研究所、研究院或其他机构）也较多，即使只列出其中的一部分也会占用很大的篇幅，而这些对童鞋们的编程与算法能力又不能立即产生实质性的提高，因此不在书中列举这些单位名单。有兴趣的童鞋可以通过微信公众号"AI 精研社"了解相关信息。

当童鞋们熟练掌握解决方案中的知识点后，AI 精研社可以帮助童鞋们向这些优秀的单位联系或推荐实习和工作岗位。

# 1.5　学习新主张（最重点）

随着科学技术（不仅仅是信息技术）的飞速发展、终身学习已经成为现代社会的共识。越来越多的组织、机构和个人在探索讨论如何高效地学习。

本书尝试介绍一个新的学习主张及相关的实施建议，用于帮助初学者更轻松、更高效地入门某一专业领域（如人工智能算法领域）。这个学习新主张就是最简体验。

什么是最简体验呢？就是最简+体验。这似乎跟没解释差不多。别急，这叫问题分解，是码农必备能力。下面先来说下"体验"。

## 1.5.1  什么是"体验"

体验式学习（Experiential Learning）这个词，如果不是专业从事教学、学习理论研究的童鞋可能没听过，但是随便在网上搜一下就会发现，这是一个被持续讨论的话题。

这个术语与完整理论的提出者是凯斯西储大学的 David A. Kolb 教授。更多关于体验式学习的信息，可以通过网址 https://en.wikipedia.org/wiki/Experiential_learning 和参考资料 *Experiential Learning: Experience as the Source of Learning and Development*（ISBN-13: 978-0133892406）进行了解。

现代的体验式学习理论体系始于 1970 年，但是其思想源头可以追溯到 2000 多年以前。早在 Aristotle（亚里士多德）时代，就提出了 learn by doing，即通过动手实操来达到掌握知识的目的。

相应的，learning through experience，是以体验的方式来认知和理解知识。这与我们日常生活中形成的直觉相符合。仅仅通过图书、视频是学不会编程的，必须要动手实践才行。

这强调的似乎是动手，与体验又有什么关系呢？

在计算机软件编程领域，动手就是敲代码，俗称撸码。一行或若干行代码敲进去，然后运行得到结果。这个过程便是一种体验，并且是一种交互式的体验。良好的教学设计能够让学习者通过这个过程掌握知识，加深理解，这又是另一维度的体验。这些环节共同构成了学习者的学习体验。

运行代码需要一系列的技术条件，这些条件的准备过程称为搭建开发环境。对于初学者而言，搭建环境是一个相对复杂的过程。如何简化过程，甚至达到开箱即用（即打开浏览器，输入网址，免安装，免注册），都是学习体验的重要组成部分。

在具体学习的某个知识点时，在敲代码之前，学习者是否已经知道要敲的这段代码有什么作用；运行之后，可能会有什么结果；根据运行的结果，是否可以帮助学习者进一步加深对概念的理解，对知识点的掌握，这些也是学习体验的重要组成部分。

反例则是，在敲代码之前没搞明白代码的作用；对运行之后可能出现的结果没有预期；运行代码之后，还是不明就里，这样的过程显然是不好的体验。

即使是运行报错的结果，也是学习体验中不可或缺的重要组成，通过合理的教学设计，帮助学习并了解在哪些情况下代码会报错，根据错误信息分析问题，解决问题，这是码农的必备能力。吴恩达老师在 deeplearning.ai 课程中就精心设计了这类体验；TensorFlow 官网的教程中也有这样的设计。

这种出于教学目的的设计的运行报错，在本系列中称为 Error By Design，EBD。

先学哪些知识点，再学哪些知识点，每个知识点是否都配备了充足的示例和作业，来确保学习者能够消化、理解所学知识点，这也是学习体验的重要组成部分。

学习者打开一本书，通常是因为对这本书要讲授的知识或对这个领域及相关领域有兴趣。一本书背后的教学设计能不能呵护这份兴趣，引导并增强这份兴趣，让学习者在学习的过程中逐渐将最初的兴趣落实在微小、持续的成就和收获上，这也是学习体验的重要组成部分。

教学设计者应充分考虑到学习者的基础，以及学习过程中可能遇到的问题，并通过完整的解决方案来帮助学习者轻松完成学习的全过程，这便是体验式学习的教学设计原则。

这个体验的过程越简捷越好，最理想的状态当然是"最简"了。那么什么是"最简"呢？请看下一节。

## 1.5.2　什么是"最简"

什么是"最简"呢？

老子在《道德经》中提出了他老人家的宇宙观，即宇宙是酱紫演化形成的：道生一，一生二，二生三，三生万物。

从三顾茅庐到三振出局，各种成语、典故、方法、规则和设计等方方面面都有"三"的身影。

吴恩达老师在列举代码说明卷积运算时是举了 3 个例子（Numpy、Tensorflow 和 Keras）。为初学者讲解概率时常用的示例之一是从（编号为 1、2、3 的）3 个小球中取 2 个小球。可见，"3"是个神奇的数字，既能体现变化，同时又保持了简捷，不用费力，不用刻意，就能轻松理解，牢靠记忆。

"3"这个数字在我们的日常生活、学习和工作中如何发挥作用，完全可以独立写一本书，但是本书篇幅有限，不再展开，感兴趣的童鞋可以自行研究，研究成果记得发一份到"AI 精研社"公众号哦。

回到本书的目标和主题上，针对计算机软件编程的学习过程，什么是"最简"呢？相信童鞋们已经有所启发，数字"三"与"最简"似乎有所关联，Bingo!

具体到人工智能编程的学习过程中，就是能用 1 行新代码说明的知识点绝不用 2 行。能 1 分钟体验的知识点，不要用 2 分钟甚至 10 分钟。一次引入的新知识点，通常只有 1 个，最多不应超过 3 个。

这个道理讲出来好像很简单，但是市场上与人工智能算法相关的图书，几乎很少考虑到这一点。这就造成了一个非常普遍的现象，初学者拿到一本书，看了半小时，甚至一小时，也没写一行代码，想不到写，或想到了写不出来。

本书及后续系列书籍通过精心的设计，提出针对性的建议与示范，旨在倡导"最简体验"这一教学和学习的新主张。

## 1.5.3　"最简体验"主张

"最简"+"体验"构成了"最简体验原则",是本书独创并首发的教学设计与学习主张,是基于 David A. Kolb 教授的"体验式学习"理论的再创新。

"最简体验式学习"这一主张可能有前人提过,但是在笔者尽最大努力但依然有限的检索范围中没有找到。

"最简体验式学习"对应的英语是 simplest experiential learning,不知道这么翻译是否合适,也恳请相关专家指正。

以"最简体验式学习"为原则,使得计算机编程领域的教学设计和学习过程,比在此之前的相关实践更容易量化、标准化,这也是"最简体验式学习"主张的现实意义之所在。

具体到人工智能算法编程的学习过程中,"最简体验"原则在本书中的具体呈现包括但不限于以下形式:

- 最大程度降低学习者的入门门槛。
- 力求一行代码让初学者看到效果,体验这行代码的功能,了解这行代码所表达的概念。
- 充分考虑并设计初学者实际学习时的全过程,全方位降低初学者的学习成本。这里的成本包含但不限于初学者实际需要投入的总时间、精力、情感和 money。
- 以体验的方式入门,了解最核心、最基础概念;在呵护初学者的学习兴趣和学习热情的前提下,逐步深入理解概念;通过引导、帮助、鼓励实操,让初学者体验到学习的乐趣和成就,持续地带给他们学习的动力,最终达到对核心基础概念的通透理解,对常用代码、工具挥使如臂,让有兴趣和有能力的朋友对问题进行深入的探究与解决。

下面举两个例子来说明如何通过将知识块拆解成知识点来降低学习的复杂度,同时保障示例的完整性,使得学习者可以自己写出功能性代码,运行并体验到效果。

- 本书在零基础入门 Matplotlib 的第一个示例中,只需要学习者掌握平面直角坐标系这一基础数学知识,在代码方面,只引入一个 plot 函数,将学习的难度降到最低。
- 李沐老师在讲目标检测时将 bbox 单独拆出来,以此为基础,讲解交并比(IoU)和非极大值抑制(NMS),这样的教学设计使得学习者可以暂时不用考虑复杂的网络模型,而专注于独立完整的小模块上,这极大地降低了初学者的学习成本,但仍然可以依次体验到这两个模块的显著效果。

根据最简体验原则,理论上一次引入的新知识点数量理想状态是 1,但是在实践中(如本书的部分知识点)能达到 3。

以 plot(x,y,'o') 为例。x, y 是一组两个知识点,但不是新知识点,因为本书假定读者已经掌握了平面直角坐标系的相关知识,因此对于从未接触过 Matplotlib 的童鞋而言,plot()函数是一个新知识点,plot()函数中的 marker 参数是另一个新知识点。

在这里，诚恳建议并强烈倡导计算机软件开发领域、算法工程领域的小伙伴们，包括刚刚打开本书，准备入行的童鞋们，以"最简体验"为原则，发技术帖，记录学习心得，交流学习体验。

# 1.6　如何使用本书（纯小白请重点阅读）

本节是专门为本书编写的说明书，而且不同于一些家用电器的说明书，保证通俗易懂，让你有收获，可以提高学习的效率与效果，所以请不要跳过。

## 1.6.1　高效学习本书的首要原则

本书定位于 Python 与算法基础，需要读者通过大量的亲自动手才能真正掌握，因此在学习本书内容时，最关键、最重要的是保障充足的学习与练习时间（如每天一小时）。这是因为，一些新领域的新知识需要一个消化过程，每天学一点，消化一点，再复习时才能真正记住。而如果将学习的时间集中在一周中的一天，甚至是一个月中的连续几天，则会导致较低的效率和较差的效果。

如果遇到一些概念感觉没有理解，但是代码能够读懂，在熟练掌握代码后，继续后续章节的学习即可。一两天后再回来复习，彼时将会发现，之前感觉理解不够充分的知识，已经可以很好地理解并掌握了。

部分章节的内容需要少量时间去消化（如 5.1.1 节和 6.3.1 节），在要点总结后会专门做出提示。遇到这类章节时，不建议连续学习后续部分；适当休息、练习熟悉代码、复习之前的章节都是更好的选择，第二天先复习该节内容，然后再学习后续章节，效率会更高。

## 1.6.2　什么是"要点"

本书旨在倡导"最简体验式学习"，尽量达到对每个知识点都是以最简体验开始，以"通透理解"结束。

先体验，再解释，再体验，再深入。熟练掌握代码和操作的同时，对核心概念和理论逐步达到"通透理解"的程度。

这些最核心、最基础、最常用的概念、代码和操作，在本书中称为"要点"，即必须要掌握的知识点。

每节的结尾处都总结了这一节中的要点，是必须掌握的哦！熟练掌握每一节的要点，是顺利学习下一节的基础。

本书虽然反复斟酌，精挑细选，但是为了达到连贯性及满足不同的学习需求，不得不加入一些额外的知识点作为补充。这些知识点及书中未提及的相关知识点，不是不重要，而是对纯零基础的童鞋而言可能会产生误导,让这些童鞋分不清哪些是最初入门所必须要掌握的知识点。

因此,对于纯零基础的童鞋,一定要把注意力集中在每节结尾处的要点总结上,这样才能保证学习的效果和进度。当第一遍学习结束,掌握了本书专门列出的这些要点后,再回顾本书或参考其他资料时就会发现,原本晦涩难懂的内容,已然可以轻松读懂了(具备了学习这些进阶级知识的基础)。

以上是学习本书的一些整体性的建议,下一节,将对纯零基础的学习者给出具体的建议。

## 1.6.3　对纯零基础学习者的建议

专注在每节结尾处的要点:

第一遍学习时,不要看脚注内容,跳过标题中注明选修的章节。

完成第 2 章开篇与 2.1 节后,直接进入第 3 章,从第 3 章开篇起按顺序学习,包含每章的开篇不要遗漏,不要跳过,不要乱序。掌握第 3.6 节的内容后,可以考虑自己搭建环境。

学习疲惫时,可以看下第 1 章与第 2 章的其余小节,也欢迎到 QQ 群、微信群里交流(联系助教了解入群条件与方式)。

每个章节中都有模拟课堂的现场互动提问与答案,请独立思考探索后再参考答案。每章的结尾处都提供了一些习题来帮助学习者检验、巩固、思考。习题分为两部分,基础部分是针对要点内容设计的,如果不能掌握,将影响后续的学习;扩展部分是掌握基础之后的兴趣探索,不影响后续的学习,如果掌握了则会有更大的提高。

有基本计算机操作能力的高中生或对人工智能有兴趣的童鞋都可以独立完成本书的学习,但是对于"自驱力"不足的童鞋,建议结伴学习。

纯零基础的初学者可以考虑从头到尾学三遍。

为什么学一遍可能会不够?这是因为,知识点之间的联系是立体的,而学习的过程是线性的,而且知识的记忆是有时间曲线的。所以不管看任何一本书,上任何一门课,仅仅学习一遍只能达到初步的了解,很多要点学过之后很快就会忘记。但是,一本精心设计的书,一门科学设计的课,会帮助学习者在第二遍或第三遍学习时,将知识点融会贯通,从而达到对核心概念的通透理解,对重要工具挥使如臂。

有的人可能会觉得,学一遍都很难坚持,还要学三遍,因此吓得赶紧把书扔掉!且慢!通过社群的辅助,可以让童鞋们的学习过程变得轻松一些。具体操作,请看下一节。

## 1.6.4　使用本书 GitHub 提高学习效率(敲黑板级别的重点)

书中的示例代码和数据都可以通过访问以下 URL 获取:

https://github.com/MachineIntellect/DeepLearner

向微信公众号"AI 精研社"发送 AI,即可获取该 URL。

Chrome 浏览器成功加载 URL 后如图 1-5 所示。

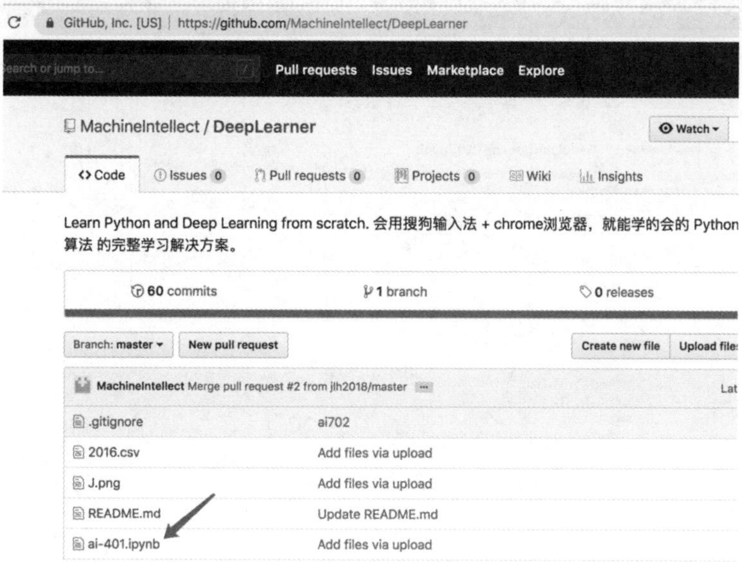

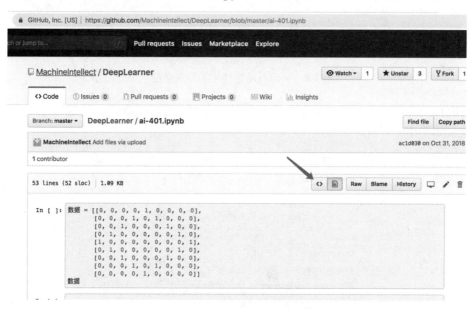

图 1-5 Chrome 浏览器成功加载本书 GitHub 仓库

以下以 ai-401.ipynb 为例，演示如何精准提问。

单击箭头所示位置，打开一个 ai-401.ipynb 示例代码，如图 1-6 所示。

图 1-6 示例 ai-401 的 GitHub 页面

单击箭头所示的 source 按钮，查看该页面的 source blob，如图 1-7 所示。

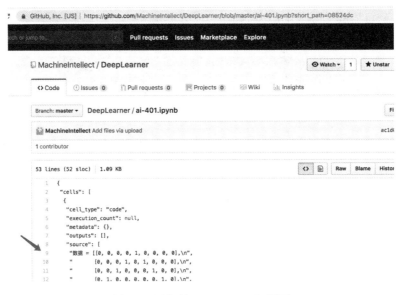

图 1-7　源代码（source blob）页面

每行代码左侧都显示有行号，单击箭头所示行号，效果如图 1-8 所示。

图 1-8　页面自动将选中的行高亮显示

页面自动将选中的行高亮显示，同时行号的左侧会显示...按钮，单击该按钮，弹出菜单，效果如图 1-9 所示。

图 1-9　源代码操作快捷菜单

单击箭头所示的最后一个菜单项 Reference in new issue，页面会跳转至 Issue tab，效果如图 1-10 所示。

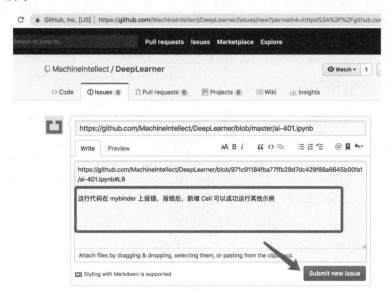

图 1-10　新建 issue，填写问题描述

在方框所示位置处详细描述自己遇到的问题。方框上方的 URL 请不要改动。

问题描述完成后，单击箭头所示的 Submit new issue 按钮。问题提交成功后，效果如图 1-11 所示。

图 1-11　问题提交成功后页面刷新

复制该页面的 URL 并发送给助教，就完成了一次精准提问。在后续的学习中，这种方式可以极大提高讨论的效率。

友情提示：没有问题时，不要对这个仓库新建 issue，以免给助教造成不必要的负担。违规提 issue 的同学会被关小黑屋哦！

欢迎大家在掌握本书要点后，加入助教团队，帮助更多的小伙伴高效、轻松地学习。

### 1.6.5　使用本书示例代码

本书的每个示例都提供了相应的代码，并且与图序号是一致的。代码文件命名规则为"示例 m-n.ipynb"，其中 m 表示第 m 章，n 表示第 m 章的第 n 个图。例如，图 5-10 所对应的示例代码文件为"示例 5-10.ipynb"，这样设计是为了双向查找方便。需要参考书中某个图的代码时，可以直接从代码包中查找相应的编号；需要查看某个示例的预期运行效果时，可以直接按这个示例编号查看书中的图。

虽然提供了示例代码，但是强烈建议童鞋们学习每个新知识点时亲自动手敲代码。如果代码运行效果与预期不一致，或者出现非预期的错误信息，先不要立即打开示例代码，而是回顾书中的讲述，并且自己分析导致问题的可能原因，然后再参考代码包中的示例代码。

遇到问题，分析问题，解决问题是实际工作中的日常基础操作，因此从学习开始，就有意识地培养自己这方面的能力，是高效成长为企业所需合格人才的必经之路。

有一点补充说明，代码包中的"示例 m-n.ipynb"与本书讲述时所引用的 GitHub 链接中的"ai-xxx.ipynb"用途不同。ai-xxx.ipynb 文件（如 ai-401.ipynb）用于提高敲代码的效率，即基于已有代码（如提前准备好的数据）而新增代码。

这样设计有两个考虑：第一，节省了敲代码的时间，毕竟手动输入数据对提高知识的帮助不大；第二、帮助童鞋们建立实际工作的体验，实际工作中，通常不是自己从头敲代码，而是在已有的代码基础上新增或修改。

# 1.7　网络词汇简写与昵称

人，是具有社会属性的，所以天然地会形成各种圈子，如娱乐圈、体育圈、学术圈和朋友圈等。每个圈子都有自己独特的文化，这些文化的浓缩就是各种专用的词汇，这也颇为符合"最简体验"。

懂得"五蕴""殊胜""赞叹随喜"这些词汇的，一定是了解佛学文化的；知道"本垒""一垒""Home run"这些术语的，一定是接触过棒球的；而"训练""模型""过拟合"，当然就是人工智能·深度学习这个圈子中的热门专有词汇了。

掌握这些术语是与同行讨论的基础，因为只有使用这些术语才能达到精准而高效的交流。

受到这些圈子词语的启发，本书借用了一些网络词汇，对其中一部分词汇赋予了新的含义。

　　这是为了使学习过程更轻松，表达更简洁，也是为了表达对 Inception Network 作者们的敬意，毕竟在 paper 中引用 meme 是很有趣而又稀少的。但又担心误导读者，所以专门在这里列出来这些词汇的简写与昵称的含义。

- ML：机器学习；
- DL：深度学习；
- 瓜书：周志华老师所著的《机器学习》；
- 花书：Ian Goodfellow 等人所著的《深度学习》；
- 要点：必须要掌握的知识点，是后续学习的基础，更详细的信息请参照 1-6 节；
- 手敲：亲手敲代码，代码是越敲越有感觉的，只是看，不亲自动手，不管是看书还是看视频，是学不会编程的；
- 实操：实际操作。当前社会最急需的人才，既要掌握关键概念、理论，又要有很强的实际动手操作能力；
- 展开：通过文字、示意图、代码及其他多种方式对一个知识点的细节进行详细解释；
- 童鞋：同学；
- 吃瓜群众：凑热闹的非专业人员，也不打算成为这个领域的专业人员；
- 召唤神龙：联系助教，发送"助教"或"zj"到微信公众号"AI 精研社"；
- 秒传：上传、下载速度很快；
- 东东：东西、thing、知识点（概念、方法）；
- 菜鸟：号称自己是新手，其实已经有了一些基础知识了，也可能已经入门 DL 或 ML 了；
- 小白：有一点点相关基础，但真的只有一点点，可能会一点数学（学习过微积分、线性代数、概率统计，但是也没学明白，或者当时明白了现在已经忘了），但是从没有接触过编程，也可能学习过 C 语言，但是根本没搞明白编程是什么意思；
- 纯小白：纯零基础的学习者，没有任何相关的知识基础，像一张白纸一样；
- 码农：程序员和软件工程师的昵称；
- 邮箱：主流的电子邮件（E-mail）服务提供商；
- 撸码：敲键盘写代码；
- 汪星人：原本指宠物狗，本书中泛指各种宠物；
- 喵星人：原本指宠物猫，本书中泛指各种宠物；
- 怎么办：通过提问引导思考，这时不要习惯性地继续阅读，最好闭上眼睛，省得不小心看到答案。经过两秒的思考后，再继续阅读，并对比一下自己的答案与书中的参考答案是否一致。不一致也没关系，独立思考的过程最重要。坚持这样练习一小段时间后会发现，你不仅对知识掌握得更熟练了，而且思考问题的能力也得到了提高。如果觉得自己的答案比书中的更好，请第一时间联系我们哦！
- 有奖竞猜：同上；
- 炫富：知识就是财富，掌握一个新知识点后，与社群里的其他小伙伴交流一下对这个知识点的理解和体会，不仅可以帮助他人，积累粉丝，还能检验和加深自己对知识的理解,这个分享交流的行为,本书调侃地称为炫富。

# 1.8 小　结

本章以极短的篇幅简略地介绍了人工智能方面的知识,旨在帮助初学者对人工智能建立初步的直观感受,更多细节等待读者去了解、研究和探索。

需要说明的是,千万不要把信息技术和人工智能当作科技的全部。很多媒体的科技版块或独立的科技媒体,大量的报道内容仅仅聚焦在移动互联网和人工智能方面,可能会让初学者误以为只有这些才是前沿技术,继而忽略其他重要领域的技术进展。

与此类似,深度学习也不是人工智能的全部。虽然本系列书籍的目标是帮助初学者成为合格的深度学习算法工程师,但是深度学习不是人工智能诸多应用场景中的唯一方案,因此深度学习只占本系列书籍总体内容的三分之一。

在真正进入 DL 之前,我们首先需要完成 ML 和 DL 所需的前置基础,即编程与数学基础,其中数学基础又分为概率统计、线性代数及其他。

本系列书籍主要涵盖编程、概率统计和数据挖掘。其中编程和概率统计是入门 ML 和 DL 所需要的前置基础;而数据挖掘部分可以帮助初学者更深刻地理解概率统计,建立数据思维。

随着技术进步和社会发展,数据思维已经不仅仅是人工智能和数据挖掘的需要,同样也是人工智能和大数据时代人人都需要具备的通用能力,非技术人员和非算法人员都可以从中有所收获。

# 第 2 章　环境搭建

工欲善其事，必先利其器。很多介绍开发的书或教程都将搭建开发环境作为编程的起手式。但是本书倡导的是最简体验，对于从未接触过编程的纯小白，不建议从搭建环境开始。为什么呢？

有些童鞋的学习热情有限，如果第一步就搭建环境，有可能因为搭建不顺利而影响学习心情。因此不如趁着热情劲先学会几行代码，获得成就感，切实地感受到编程是如此简单。然后趁着这个自信再去搭建环境，这时即使遇到问题也不会影响心情。环境搭建完成后，随手敲两行刚刚掌握的代码，既是复习，又可以检验环境。

有的童鞋不禁要问："我不自己搭环境，难道你替我搭？"

谁都不用搭，因为一些"很赞"的公司、组织已经为我们搭建好了平台，非常好用、易用，而且还免费[1]。

第一个介绍的平台是 mybinder.org，之所以第一个介绍，是因为这是笔者了解的范围内唯一一个免注册、无广告而且很好用的平台[2]。

## 2.1　最简体验 Jupyter Notebook

mybinder.org 是 Binder 社区提供的在线 Notebook 服务。纯小白从阅读本段文字开始到亲手运行第一行代码得到结果，全程最多只需 3 分钟（不包含镜像启动时间，这段时间请耐心等待，或直接阅读后续章节，无须人工介入操作）。

还等什么？赶快拿起手机拨打电话订购吧！哦，不对，是打开电脑[3]，启动 Chrome 浏览器。在 Chrome 浏览器中打开以下网址[4]，即可在 mybinder.org 上打开本书的示例代码：

```
https://mybinder.org/v2/gh/MachineIntellect/DeepLearner/master?filepath=
ai-ch02.ipynb
```

如果读者觉得这个网址太长，输入太麻烦，也可以扫描以下二维码：

---

1　截至本书发稿前，本章介绍的 Notebook 服务皆为免费提供，但不保证永久免费，详情请咨询其服务提供商。
2　本书中介绍的一些平台，如 2.3 节的 Colab，需要注册后才能使用。具体如何注册，请读者自行解决，不在本书讨论范畴。
3　电脑这个词是非专业人员的说法，专业人员称为 PC，或更加具体的如 Mac、Windows、CentOS、Ubuntu。
4　网址这个词是非专业人员的说法，专业人员称为 URL。

示例 notebook：ai-ch02

还可以在公众号中输入 ai201（一共 5 个字符，由 2 个英文字母和 3 个数字连在一起，英文字母不区分大小写），获取链接，效果如图 2-1 所示。

图 2-1　从微信公众号"AI 精研社"获取链接

这个链接在手机中也可以打开，而且不影响本节的学习，只是在后续章节中操作起来稍微有一点麻烦。

请根据不同的打开方式，进入 2.1.1 节或 2.1.2 节的学习。

## 2.1.1　手机上最简体验 Jupyter

在手机上打开的效果，如图 2-2 所示。

图 2-2 中箭头所示的圈圈表示正在打开，不需要额外的操作，只要耐心等待 2 分钟左右即可。打开成功后，如图 2-3 所示。

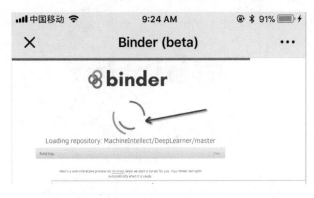

图 2-2　手机上正在打开本节的示例代码

图 2-3　手机上打开的本节示例代码

## 2.1.2　计算机上最简体验 Jupyter

在计算机上打开的效果，如图 2-4 所示。

图 2-4 中箭头所示的圈圈表示正在打开，不需要额外的操作，耐心等待 3 分钟左右即可。如果觉得等待时间太长，或者不想等待，可发送"加速"二字到微信公众号"AI 精研社"获取相关帮助。打开成功后，如图 2-5 所示。

图 2-4　计算机上正在打开本节的示例代码

图 2-5　计算机上打开的本节示例代码

## 2.1.3　Notebook 中运行 Python 代码

图 2-3 与图 2-5 所示的页面，就是打开的 Jupyter Notebook 页面了，简称 Notebook，我们乍一看与平时看到的网页没啥区别，似乎还要更简洁些？

我们是技术人员，不要只看颜值哦！

这个页面与我们平时看到的页面最大的不同在于可以直接运行代码。

单击箭头所示工具栏中的 Run 按钮，运行我们的第一段 Python 代码，效果如图 2-6 所示。

这段代码的效果是加载一段视频，注意这个视频是可以直接播放的哦！单击图 2-6 中箭头所示的视频播放按钮，就可以对照着视频学习啦。

从本节开始到现在，我们运行并得到了第一段 Python 代码的结果，总时间不到 10 分钟，而且全程无任何难度！很神奇，有没有！

```
In [1]:

import IPython
iframe = '<iframe src="//player.bilibili.com
IPython.display.HTML(iframe)
```

Out[1]:

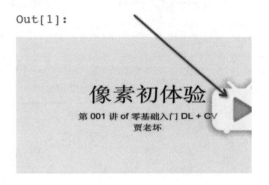

图 2-6　运行示例代码，得到结果

有的童鞋可能会说："这行代码是你提前写好的，我只是单击了下运行按钮，但是自己还是不会写呀！"

没关系，本节的主要目的是先掌握 Notebook 的基本操作，第 3 章将会带领大家从零开始学习 Python，而且保证大家能听得懂，学得会哦！

## 2.1.4　Notebook 的最基本概念 Cell

Notebook 的常用操作有十几个，我们先掌握最基础部分的操作，这些操作是学习第 3的基础。

首先，Notebook 中最基础的一个概念是 Cell，一个 Notebook 页面就是由一个或多个 Cell 构成的，刚刚我们运行的就是一个 Cell，而且是这个 Notebook 页面中的第一个 Cell。为了叙述方便，这个 Cell 我们称之为"视频播放 Cell"，这个不是专业术语哦。

每次打开 Notebook 页面，默认会"指到"第一个 Cell。指到的这个 Cell，称为"当前 Cell"（Current Cell）或"活动 Cell"（Active Cell）。

单击"运行"按钮时，运行的就是当前 Cell。更通俗地说，就是现在指向了哪个 Cell。那么问题来了，当前 Cell 是第几个 Cell 呢？

如果是页面打开后，单击图 2-3 与图 2-5 中箭头所示的 Run 按钮，只单击了一次，那么当前 Cell 是第 2 个 Cell，如图 2-7 所示。

图 2-7 中箭头所示位置是一个左边为蓝色的线框，这个线框的作用就是用来提示当前 Cell 是哪个 Cell。

图 2-7　计算机上打开的本节示例代码

## 2.1.5　移动 Cell

假设当前 Cell 是第二个 Cell，如何让第一个 Cell 成为当前 Cell 呢？

图 2-7 中方框所示区域中标注了 2.1.5 编号。如果是在手机上打开的，可以轻触一下该区域。如果是在计算机上打开的，单击该区域，左边为蓝色的线框选中了第一个 Cell，效果如图 2-8 所示。

图 2-8　使第一个 Cell 成为当前 Cell

这时线框移到了第一个 Cell，将第一个 Cell 中的代码及运行结果都包含了。

图 2-8 中箭头所指的是一个向下的箭头按钮，这个按钮的名字叫 move down，每单击一次，就会将当前 Cell 向下移动一个位置。现在单击一次，效果如图 2-9 所示。

图 2-9　移动 Cell

现在，当前 Cell 就是第二个 Cell 了。

连续单击 move down 按钮，每次单击自己计数，直到将这个 Cell 移动到 Notebook 的底部，如图 2-10 所示。

图 2-10　将视频播放 Cell 移动到 Notebook 的底部

现在，"视频播放 Cell"已经移到 Notebook 页面的底部了，这个 Cell 的上面一格是另一个 Cell，我们称为 HelloWorld Cell。

这个 Cell 有什么用呢？请看下一节内容。

## 2.1.6　揭秘 HelloWorld Cell

这个 Cell 中的代码就是传说中的 HelloWorld 了，是下一章的主角。我们现在提前出来是暖场宣传一下。

点击图 2-11 中箭头所指方框内的任意区域，即可选中这个 Cell。注意，这次说的是点击，不是单击，所以不管是单击、双击还是爆击都可以，效果如图 2-11 所示。

图 2-11　选中 HelloWorld Cell

现在我们选中了 HelloWorld Cell，所以这个 Cell 就称为什么？有奖竞猜的时间到了。已经有童鞋给出正确答案了，这个 Cell 称为当前 Cell。

这时，如果单击 Run 按钮，就可以运行这个 Cell 了。除了工具栏中的 Run 按钮，还可以单击图 2-10 中的箭头按钮，也是运行的作用，但是与工具栏中 Run 按钮略有不同。究竟哪里不同呢？童鞋们自行体验后发总结给助教吧！

## 2.1.7　为啥要用 Jupyter Notebook（选修）

2.16 节中，我们体验了第一个 Notebook。有奖竞猜，这个 Notebook 文件名是什么？

```
'ai-ch02.ipynb'
```

这就是一个 Jupyter Notebook 文件，简称一个 Notebook。

我们通过亲手操作，已经体验到了 Notebook 可以在一个文件中显示图文、视频、代码、运行代码、显示并保存代码的运行结果。这极大地方便了相关从业者的学习、工作和交流，最关键的是方便交流和分享。

以'ai-ch02.ipynb' 文件为例。如果按照以前的方式，Tony（虚拟人设，与理发店的艺术总监无关）想要零基础学习一门编程语言，仅仅是编程，还没到算法，更没有涉及 AI。那么笔者需要先写一份非常详细的文档，讲解如何下载安装包，安装设置开发环境，然后是示例代码、代码说明、运行结果，这些都不是一个文件哦。

我们上一节示例中的代码非常少，随着后续的学习，大家会体验到更多的代码。每一段代码在实际编写时都会有一个设计的思路，这个思路对其他人理解其工作非常重要。

在 Notebook 出现之前，这些思路是无法被轻松记录下来的。总不能要求程序员每写一段代码，运行一个结果，就截个图再配上文字说明吧。童鞋们自己写几篇博客就能体会到了，这些工作是相当烦琐的！

除了写代码过程中的思路，运行代码的开发环境也是降低交流效率的一大问题。例如，同样一段代码，在我的机器上运行正常，在 Tony 的机器上就是跑不通，折腾很久才发现，原来是 Tony 的某个依赖包版本不匹配。但是有了 Notebook 之后，这些问题都可以轻松解决了！因此，Notebook 被全球的数据科学家、人工智能工程师及研究人员作为主要的讨论交流方式。

还有一点也很关键，Jupyter 本身是一个开源项目，因此每个人都可以自由、免费地阅读或修改其源代码，也可以在自己的机器上或云上搭建基于 Jupyter 的开发环境。在结束本节内容之前，先来总结一下本节要点：

- Jupyter 是一个开源项目，包含多个子项目，Notebook 是其中一个，也是最重要的一个。
- Jupyter Notebook 是一个开源的 Web 应用，在保障 IDE 功能完整的前提下，可以便捷地分享，极大地降低了专业人员的交流成本，因此在全球范围内，其成为了数据科学家、人工智能工程师、相关研究人员和其他专业人员的主流讨论方式。

本书乐观预测，未来很可能会出现专职的 Notebook 作家。

## 2.1.8  Notebook 服务与社区文化（选修）

2.1.7 节简单介绍了人工智能及相关领域（如数据挖掘）社区钟爱 Notebook 的一些原因，也是本书把 Notebook 作为主要交流方式的原因。

但是，如果每位学习者、研究者都自己搭建 Notebook 的话，还是比较麻烦的，而且环境的差异依然不能有效地解决，这就需要公共的 Notebook 服务了。

提供 Notebook 服务的平台，称为 Notebook 服务提供商。

除了 mybinder.org 之外，微软、谷歌、Coursera、Kaggle、MachineIntellect.cn（AI 精研社）及其他本书没有提及的平台都提供了 Notebook 服务。如果有哪位小伙伴也想运营一个这样的平台，请联系 AI 精研社公众号哦！

那么问题来了？为什么这些组织愿意免费为大家提供 Notebook 服务呢？这可是很"烧钱"的呀！这是为了方便全球的学习者、研究者们更便捷、高效地学习、研究和交流。

人工智能取得现在的进步，社区是极为关键的一个因素，即"不仅把我掌握的知识和成果全都免费地分享给所有人，还想尽办法创造各种条件，帮助所有人掌握、应用这些知识和成果"。所以每个新人都应该持有这样一种理念，社区为我们提供了很多，我们也应该在力所能及的范围内回馈社区，具体怎么做呢？

最简单的方式，就是为社区贡献原创的、高质量的 Notebook。哪怕只是一个知识点，以最简体验的原则写出来，帮助其他需要学习这个知识点的童鞋更轻松、更便捷地掌握。在这个过程中，自己也会有所提高。

掌握本书中的内容后，可以轻松接上吴恩达老师的 deeplearning.ai 课程。掌握 deeplearning.ai 课程中的内容后，就可以研读一些论文了。研读论文的一个重要方式就是复现论文，将自己的复现过程、方法、心得总结到 Notebook 上并发到社区里，是下一阶段的贡献与交流形式。

开放、开源、共享已成为了 IT 界和算法界的主流文化。众多的开源项目，主流的技术社区是这种文化的具体表现形式。希望更多的童鞋加入社区，为社区做贡献，与社区共同成长，帮助其他童鞋更轻松、更高效地成长为真才实干的社区中坚力量（这样的人才也是各大公司争抢的对象），是本书所有贡献者的共同愿望。

更多的为社区做贡献的方式，欢迎到群里交流讨论。

## 2.1.9　Jupyter 与 MyBinder（选修）

有关 Jupyter 与 Notebook 的内容可以写成一本很厚的书，本节仅仅介绍最简单易懂且基础实用的部分。更多的操作，如 Notebook 文件的上传、下载、分享，Cell 的复制、剪切和粘贴都还没有介绍，这些都会在后续的章节中陆续讲解。

之所以这样安排内容，是为了确保纯小白也可以无障碍地快速进入真正的撸码环节，体验到撸码的乐趣与成就。

想要了解更多 Jupyter 与 Jupyter Notebook 的相关信息，请访问其官网 http://jupyter.org/。

Jupyter 官方提供的 Notebook 服务就是 mybinder.org，而 mybinder.org 这个平台是通过 BinderHub 提供服务的。BinderHub 是另一个开源项目，更多有关 BinderHub 的信息，请访问其官网 https://mybinder.org/。

我们仅仅是初步体验，就接触到了如此多的开源项目，可见社区的繁荣与价值！哦，对了，我们已经体验过的还有一个重要的开源项目——Python。

以上是学习第 3 章的必备知识，掌握以上内容后，就可以直接进入第 3 章的学习了。

本节之后的内容难度会有一点增加，而且不是学习第 3 章所急需的。如果读者希望尽快敲上 Python 代码、理解 Python 语法，可以直接进入第 3 章，完成第 3 章内容的学习后，再来学习本章后续的内容。

## 2.2 Azure Notebook 简介

Azure Notebook 是微软公司为全球开发者免费提供的在线 Notebook 服务。与 MyBinder 不同，Azure Notebook 需要登录才能运行 Notebook（访客身份可以浏览但无法运行）。新用户从注册到运行第一行代码得到结果，全程只需 10 分钟。其 URL 为 https://notebooks.azure.com。

通过 URL 可以访问指定用户的 Libraries，以笔者的 Libraries 为例，访问地址 https://notebooks.azure.com/JLHDL，即可访问 JLHDL 用户的主页，而且无须登录，如图 2-12 所示。

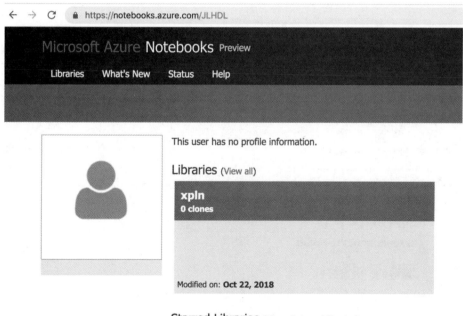

图 2-12 用户 JLHDL 的 Azure notebook

在如图 2-12 所示的页面中，单击进入感兴趣的 Library，可以在线预览 Notebook，如图 2-13 所示。

想要在线运行的话，就需要注册登录了。成功登录后，将感兴趣的 Notebook 复制到自己的 Library 中，再打开后就可以编辑、运行了，效果如图 2-14 所示。

图 2-13　在线预览

图 2-14　在 Azure 上编辑、运行 Notebook

　　限于篇幅，本书不再详细讲解完整的注册和使用过程，需要的童鞋在微信公众号"AI精研社"中发送 Azure，即可获得详细资料。

# 2.3　Google Colaboratory 简介

Google Colaboratory（简称 Colab）是 Google 为全球开发者免费提供的在线 Notebook 服务。

使用 Colab 的一大好处就是 Google Drive。由于 Colab 与 Google Drive 的无缝集成，存储在 Google Drive 上的数据集、模型可以秒速加载进 Colab。即使是存储在其他站点的数据集，如 MS COCO 或 10GB 以上的文件，几分钟就可以下载好。输入以下 URL，以访客身份预览：

https://colab.research.google.com/github/MachineIntellect/DeepLearner/blob/master/ai-201. ipynb，或者向微信公众号"AI 精研社"发送 ai202 即可获取该 URL。

页面加载需要 2 分钟左右，页面打开后如图 2-15 所示。

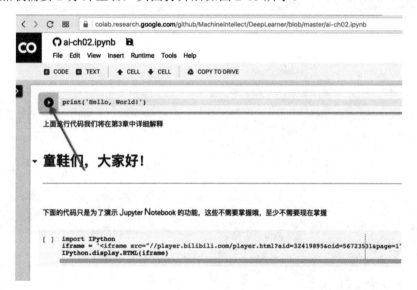

图 2-15　Google Colaboratory 页面

在如图 2-15 所示的页面中，单击箭头所示的"运行"按钮，弹出页面安全提示，这是因为该 Notebook 从 GitHub 加载而来，如图 2-16 所示。

选中箭头所示复选框，再单击 RUN ANYWAY 按钮，将执行 Cell 中的代码，与 MyBinder 中基本一致。如果是访客身份，则会再弹出一个新的页面，提示登录，如图 2-17 所示。

在图 2-17 所示的页面中，单击 SIGN IN 按钮，即可进入注册/登录流程。限于篇幅，本书不再详细讲解完整的注册使用过程，需要的童鞋在微信公众号"AI 精研社"中发送 colab 即可获得。

图 2-16　安全提示

图 2-17　提示登录对话框

成功登录 Notebook 后，可以编辑、运行和下载 Notebook。运行 Notebook，效果如图 2-18 所示。

具有基本的计算机操作经验（不一定是码农哦）的童鞋，都会有这样一个习惯，即修改文件后要及时保存。在线保存 Notebook 的操作是选择 File 菜单，弹出 File 下拉菜单，如图 2-19 所示。

图 2-18　运行 Notebook

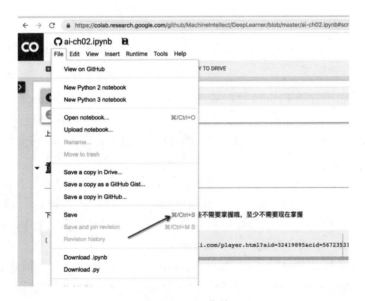

图 2-19　File 菜单

在如图 2-19 所示的页面中，选择 Save 命令，或通过箭头所示的键盘快捷键进行保存，如图 2-20 所示。

什么？不能保存？

这要从 Google Drive 说起。Colab 上的保存是要保存到 Google Drive 中的，所以需要先把当前的 Notebook 复制一份到 Google Drive 中，然后才能对编辑、运行结果进行保存。

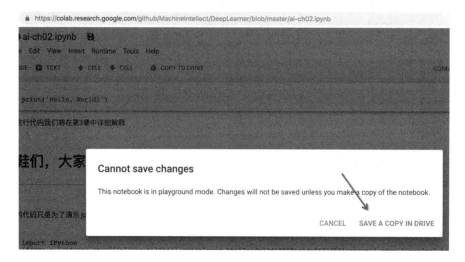

图 2-20　Cannot save 菜单

单击箭头所示的 SAVE A COPY IN DRIVE 按钮，等待 2 秒钟左右，即可保存成功。

# 2.4　Windows 下安装 Anaconda

Anaconda 是最流行的 Python 环境管理工具之一（另一个是 Virtualenv）。

所谓环境管理，是指在同一台机器上，同时运行多种 Python 环境，如 Python 2 与 Python 3。这是由于某些特定的项目需要指定版本的包（如指定 NumPy 的版本，而不是用最新版）。

在实际项目发开中，优先选用最稳定的而不是最新的版本，因为每次升级组件要反复测试，层层审批，这也是互联网与软件研发领域大型团队协作的国际通行做法。

Anaconda 不仅提供了环境管理功能，还预置了大量常用的第三方 Python 包，如果手动下载管理这些包，不仅费时费力还容易出错。

Anaconda 的官网是 https://www.continuum.io/，通过官网可以下载最新版本的安装包，支持 Windows、Mac OS、Linux 这 3 个平台。每个平台上都包含两个版本，即 Python 3.7 与 Python 2.7。如果没有特别的需要，建议童鞋们选择 Python 3.7 版本，因为很多第三方包（如 Numpy）等 Python 自己的研发团队都公布了停止支持（plans to stop supporting）Python 2.x 的时间表[5]。

---

5　以下 URL 是 Python 与 NumPy 官网公布的停止支持 Python 2 的计划时间表。
　　https://www.python.org/dev/peps/pep-0373/#id4；
　　https://docs.scipy.org/doc/numpy-1.14.1/neps/dropping-python2.7-proposal.html。

　　Windows 下安装 Anaconda 与其他软件的安装过程相似，唯一需要注意的即在安装配置的最后一步，即在正式安装之前，仔细盯住箭头所示按钮，当按钮由 Next 变为 Install 时，将方框所示区域的复选框选中，将 Anaconda 添加至系统环境变量中，如图 2-21 所示。

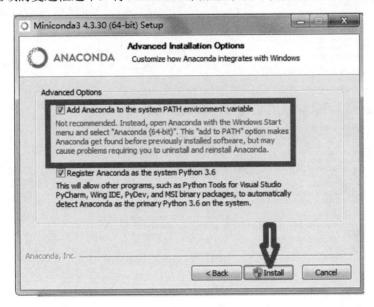

图 2-21　添加 Anaconda 至系统环境变量

安装完成后，需要启动 Jupyter Notebook，具体请参考 2.7 节中的操作。

## 2.5　Linux 下安装 Anaconda

　　从 Anaconda 官网下载安装包，启动 Terminal 并通过 cd 命令跳转到安装包所在目录，然后按照以下步骤进行安装。重点是第（5）步和第（6）步哦！

　　（1）运行如下命令，开始安装：

```
bash Anaconda3-4.3.0-Linux-x86_64.sh
```

启动安装向导，如图 2-22 所示。

```
$ bash Anaconda3-4.3.0-Linux-x86_64.sh

Welcome to Anaconda3 4.3.0 (by Continuum Analytics, Inc.)

In order to continue the installation process, please review the license
agreement.
Please, press ENTER to continue
>>>
```

图 2-22　启动安装向导

（2）在如图 2-22 所示的界面中回车，安装向导显示 EULA 界面，如图 2-23 所示。

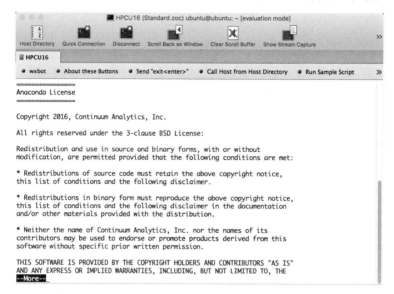

图 2-23　EULA 终端用户协议界面

（3）在如图 2-23 所示的界面中，连续敲三个空格跳过 EULA 界面，安装向导跳至 License 界面，如图 2-24 所示。

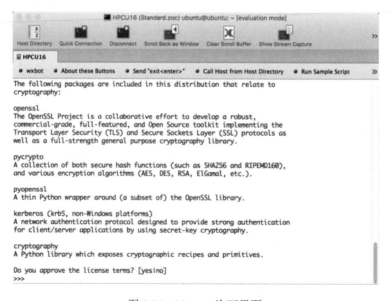

图 2-24　License 许可界面

（4）在如图 2-24 所示的界面中，输入 yes，安装向导提示设置安装路径，如图 2-25 所示。

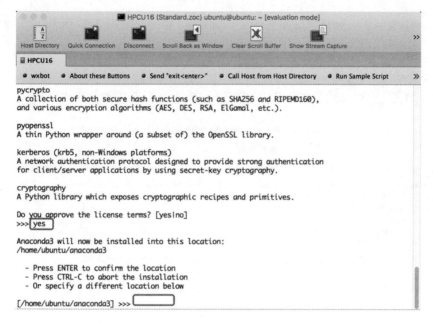

图 2-25 安装路径

（5）在如图 2-25 所示的界面中，直接回车开始安装，等待一小段时间后（主要受硬件配置影响，时间约 3~10 分钟），安装将进行到最后一步，此时安装向导会提示设置环境变量，如图 2-26 所示。

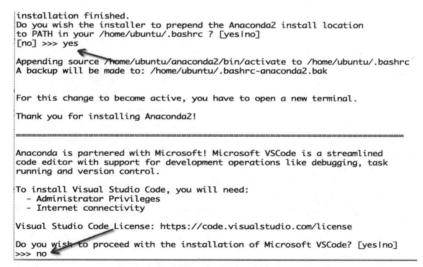

图 2-26 设置环境变量

（6）在如图 2-26 所示的界面中，输入 yes，设置环境变量，安装完成。

新版本的 Anaconda 安装完成后会提示安装 Microsoft VSCode，这个大家可自行选择，这里就不详细说明了。如果暂时不想安装，输入 no 即可，如图 2-27 所示。

```
installation finished.
Do you wish the installer to prepend the Anaconda2 install location
to PATH in your /home/ubuntu/.bashrc ? [yes|no]
[no] >>> yes

Appending source /home/ubuntu/anaconda2/bin/activate to /home/ubuntu/.bashrc
A backup will be made to: /home/ubuntu/.bashrc-anaconda2.bak

For this change to become active, you have to open a new terminal.

Thank you for installing Anaconda2!

=========================================================================

Anaconda is partnered with Microsoft! Microsoft VSCode is a streamlined
code editor with support for development operations like debugging, task
running and version control.

To install Visual Studio Code, you will need:
   - Administrator Privileges
   - Internet connectivity

Visual Studio Code License: https://code.visualstudio.com/license

Do you wish to proceed with the installation of Microsoft VSCode? [yes|no]
>>> no
```

图 2-27　安装完成

（7）码农的世界中，一件事情的完成是以验收通过为标志的，小小的环境搭建也要验收？那是必须的！输入以下命令进行验证，如图 2-28 所示。

```
conda -V
```

```
installation finished.
Do you wish the installer to prepend the Anaconda2 install location
to PATH in your /home/ubuntu/.bashrc ? [yes|no]
[no] >>> yes

Appending source /home/ubuntu/anaconda2/bin/activate to /home/ubuntu/.bashrc
A backup will be made to: /home/ubuntu/.bashrc-anaconda2.bak

For this change to become active, you have to open a new terminal.

Thank you for installing Anaconda2!

=========================================================================

Anaconda is partnered with Microsoft! Microsoft VSCode is a streamlined
code editor with support for development operations like debugging, task
running and version control.

To install Visual Studio Code, you will need:
   - Administrator Privileges
   - Internet connectivity

Visual Studio Code License: https://code.visualstudio.com/license

Do you wish to proceed with the installation of Microsoft VSCode? [yes|no]
>>> no
$ conda -V
conda: command not found
```

图 2-28　验证提示 command not found

（8）什么？command not found，不就是没装成功吗！幸亏验证了！那么问题出在哪里呢？其实是环境变量没有生效，输入以下命令即可，如图 2-29 所示。

```
bash
```

```
Appending source /home/ubuntu/anaconda2/bin/activate to /home/ubuntu/.bashrc
A backup will be made to: /home/ubuntu/.bashrc-anaconda2.bak

For this change to become active, you have to open a new terminal.

Thank you for installing Anaconda2!

===========================================================================

Anaconda is partnered with Microsoft! Microsoft VSCode is a streamlined
code editor with support for development operations like debugging, task
running and version control.

To install Visual Studio Code, you will need:
   - Administrator Privileges
   - Internet connectivity

Visual Studio Code License: https://code.visualstudio.com/license

Do you wish to proceed with the installation of Microsoft VSCode? [yes|no]
>>> no
$ conda -V
conda: command not found
$ bash
$ conda -V
conda 4.5.4
$
```

图 2-29　Conda 安装成功

看到系统输出 Conda 版本后，标志 Conda 安装成功！

安装完成后，需要启动 Jupyter Notebook，具体请参考 2.7 节中的操作。

# 2.6　Mac 下安装 Anaconda

（1）在官网下载安装包，写作本书时，Anaconda 的最新版本是 Anaconda3-5.1.0-MacOSX-x86_64.pkg。推荐读者使用非多线程下载工具下载，或者使用 wget 命令行工具也很方便，因为如果使用浏览器直接下载可能会中断，Anaconda3-5.1.0-MacOSX-x86_64.pkg 的大小是 623.6 MB。

（2）双击安装包，启动安装向导，与其他 Mac 下 pkg 安装过程相似。

（3）一路 continue、agree 即可，期间需要系统管理员权限，需要输入一次密码，这一步的时间大概需要 5~10 分钟。

（4）安装结束前，会推荐用户安装 Visual Studio Code IDE，需要用户单击 Install 按钮才会安装，大家不用担心中了某些软件默认捆绑的"套路"，不安装也不会影响使用。至此，Anaconda 已经安装完成。

# 2.7　本地启动 Jupyter Notebook

Anaconda 安装成功后，就可以启动 Jupyter Notebook 了，在命令行中输入 jupyter notebook，即可启动，如图 2-30 所示。

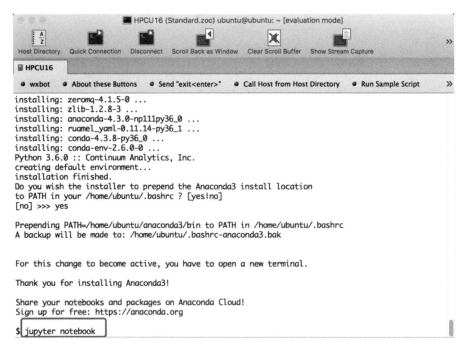

图 2-30　启动 Jupyter Notebook

同时会自动启动默认浏览器，并列出当前目录下的文件，如图 2-31 所示。

图 2-31　启动 Jupyter 成功

这个页面似乎与本章前 3 节中见到的略有不同？这是因为，前 3 节中的 URL 是通过 Notebook 服务打开了本书提前为童鞋们准备好的 Notebook（托管于 GitHub）。而本地启动的 Notebook 无法直接从 GitHub 获取文件，需要童鞋们自己从 GitHub 上手动下载 Notebook。

本书的 GitHub 仓库

本章的示例代码可以通过以下 URL 访问，或者扫描以下二维码获取。

https://github.com/MachineIntellect/DeepLearner/blob/master/ai-ch02.ipynb。

　　页面打开后，可以看到预览效果，如图 2-32 所示。

图 2-32　GitHub 预览效果

　　在如图 2-32 所示的页面中，单击 Raw 按钮，页面开始跳转，如图 2-33 所示。

图 2-33　Raw 页面

　　在如图 2-33 所示的页面中，右击空白处，在弹出的快捷菜单中选择 Save As...（存为）命令，弹出保存对话框，如图 2-34 所示（不要随手就点确定哦！）。

　　在箭头所示的保存对话框类型中，选择 All Files（全部），单击"Save"按钮。再回到刚刚访问本地 Notebook 的浏览器页面，就可以看到列表中的 ai-ch02.ipynb 文件了，如图 2-35 所示。

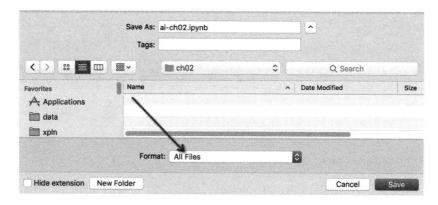

图 2-34　保存对话框

图 2-35　列表中的 ai-ch02.ipynb 文件

在如图 2-35 所示的页面中，单击箭头所示文件，即可打开 Notebook，如图 2-36 所示。

图 2-36　本地加载 Notebook

在如图 2-36 所示的页面中，单击箭头所示的运行按钮，即可运行选中的 Cell。

需要说明的是，Anaconda 安装的是原生的 Jupyter，因此，在 Code 类型 Cell 的左部没有单独的"运行"按钮。

到这里，简易版本的本地环境就搭建完成了。有的童鞋会说，这很简单呀！主要有以下两点原因：

- Anaconda 为我们简化了环境搭建的操作，也隐藏了很多重要的细节，这些细节对初学者可能会造成干扰，但是对专业人员（如人工智能开发环境运维人员），是需要精通掌握的。
- 本书主要定位于毫无基础的初学者，因此在知识点的选择、组织上尽量简化，基本达到了最简原则，因此 Anaconda 默认的安装包中已经包含了本书所需的大部分工具，至于未包含的部分，我们用到时再讲。

# 2.8　小　　结

为了达到"最简体验"，本书在多个 Notebook 平台中进行了仔细对比，最终选择了 MyBinder 进行重点介绍，以保障纯小白可以最直接、最直观地体验到 Python 代码。

本章没有详细展开 Azure 和 Colab，而对 Coursera、Kaggle 和 MachineIntellect.cn（精研社）等平台，仅仅是提及了名称。需要了解相关信息的童鞋，可以在本书的官方 GitHub 中找到相应链接。

MyBinder 最适合初次体验，无须注册，但是不能在线保存用户的编辑。Azure 与 Colab 都提供了在线保存和分享功能，Azure 偶尔会无法启动 Notebook。

之所以把 MyBinder 作为初学者的入门平台，还有另一个重要的原因就是 R 语言。这是很多平台不具备的（微软 Azure Notebooks 支持 R 语言，但是偶尔会无法启动 Kernel，笔者推测可能是用的人多，计算资源被占满了）。而很多数据分析的案例是基于 R 语言的，第 1 章介绍精品公开课时提及过，本书区别于其他人工智能书籍的一点是，建议零基础童鞋的学习路径是，先掌握数据分析基础，再接触部分传统机器学习，然后再接触深度学习，这样会更加系统、顺畅。

各平台提供的存储空间也各有不同，Colab 只有 30GB，MyBinder 为 180GB，Coursera 为 360GB。

以上这些在线 Notebook 服务还有另一个特点，如果长时间（如 10 分钟）无操作（inactivity 时长），则会断开连接，这样将会导致未保存的修改丢失，虽然给用户造成了一点不便，但是从公共资源利用效率的角度看是合理的。一个用户打开 Notebook 后又去做其他事情了，如果平台始终为其保留 CPU、内存和 GPU 等资源，是毫无意义的浪费。

在介绍本地搭建的步骤时，笔者也力求做到最简，pip、Conda、Virtualenv 等基础命令的使用也没有包含在本章内容中，但在实际的环境管理中，这些命令及 GPU、深度学习框架、OpenCV、Pillow 等软件包及其依赖都是不可或缺的。

很多深度学习工程师其实对环境管理也是一知半解，很多开发环境的问题是由更专业的运维工程师来解决的。

很多童鞋的时间、精力和热情都有限，以高效掌握知识为原则，如果确实对"折腾环境"有兴趣，就"折腾"出真正的价值，不要"瞎折腾"。

"折腾"与"瞎折腾"的区别在哪里呢？

"折腾"的结果是，这位童鞋最终搞懂了来龙去脉，清楚知道重要组件的版本号，详细地整理了笔记，至少在一种操作系统上（如 Ubuntu 18.04）可以无障碍地重装 $n$ 次，其他新人按照这个笔记，也可以在同样的操作系统上顺利地搭建完整的开发环境。

完整开发环境的含义是：可以开发、设计、跑通目标项目（如吴恩达 deeplearning.ai 的某个作业，或者 TensorFlow 的某个官方示例）。

这不是多么高难度的要求，而是已经在全球范围内达成共识的研发基本操作 reproducible environment（可复现的开发、运行环境）。

"瞎折腾"的结果是，另一位童鞋的安装过程"七拼八凑"，决不敢换台机器再重装一遍，问他 Python、OpenCV、TF 和 CUDA 用哪个版本，选择的依据是什么，前后回答自相矛盾，拿不出一份像样的笔记，目标项目能不能跑通，只能依赖人品和运气，真是发起狠来连自己都坑。

喜欢"折腾"开发环境的童鞋，可以尝试基于 Colab 完善现有的经典案例 Notebook，目标是确保这些 Notebook 可以在 Colab 上一次顺利跑通，得到预期的训练和检测结果。以下 URL 中是作者团队在这方面的尝试与示范（详细介绍见 8.3.4 节），欢迎交流。

https://github.com/MachineIntellect/Notebooks-for-DL-Learner-on-colab/blob/master/tf_demo_Object_Detection.ipynb，对应的二维码如下：

TF-Demo 项目的环境搭建示例

# 2.9　习　　题

## 2.9.1　基础部分

1. MyBinder 平台上，运行 Cell 有哪几种方法？
2. 一个 Cell 有哪几种模式？

3．"当前 Cell"与"活动 Cell"是否为同一个概念？

## 2.9.2　扩展部分

1．打开这个词听着就不专业，更专业的说法是什么？（提示：加载）。

2．平台上运行 Cell 有哪几种方法？（提示：先说明是哪个平台，如 MyBinder、Colab 或原生版 Jupyter）

3．全球范围内可供使用的 Notebook 平台有哪些？

4．Jupyter 与 Notebook 是什么关系？

5．通过详细的图文步骤，说明进入 Coursera Notebook 的方法。

6．oursera 与 Azure Notebook 是什么关系？

7．MyBinder 与 Colab 是什么关系？

8．各大平台的 inactivity 时长是多少？

9．各大平台为每个用户提供的资源配置方案是什么？（提示：CPU、GPU、内存、存储空间）

10．各大平台的 Python 环境管理方案是什么？

11．哪些平台支持以 PDF 格式下载 Notebook？

# 第 3 章　零点一基础入门 Python

在本章中我们将从 Hello World 开始，以最简体验的方式入门 Python，从零点一基础开始，掌握 Python 编程基础。

之所以叫零点一基础，是因为真的无法做到全零基础，总得会计算机基本操作吧！2 小时内，教从来没用过计算机的人学会 Python 基础，"臣妾做不到呀"！

还有一点在第一章中已经说过了，但是很重要，所以这里还要再说一遍。从现在开始，除非特别说明，每行代码一定要亲手多敲几遍哦！如果是从未接触过编程的童鞋，可以考虑每个示例多练习两遍。

代码是越敲越有感觉的，如果按照本书的顺序，一边敲代码，一边思考和理解，很快就可以对概念通透掌握哦！

自己一个人反复敲代码太枯燥？那就加群跟小伙伴一边讨论一边敲呗！

那么，开始！

## 3.1　最简体验 print 方法

在传统行业中，入行是要拜祖师爷的，码界不用那么麻烦，敲一行代码就成了。

这行代码在第 2 章中已经出镜过了，那时是为了体验 Notebook 的使用，所以仅仅是运行，而现在我们要搞懂这行代码的每个细节。

首先，我们还是先沿用第 2 章的示例 Notebook，稍后我们再新建本章专属的 Notebook。向微信公众号"AI 精研社"发送 ai211 可以获取链接，页面加载成功后的效果如图 3-1 所示。

这次我们不是直接运行，而是插入一个 Cell，单击图 3-1 中箭头所示的"+"按钮，在当前 Cell 的下方插入一个 Cell，快捷键是 B。鼠标光标悬停在按钮上 1 秒，会弹出提示信息解释这个按钮的作用，是不是很贴心？！

插入 Cell 后会自动选中新的 Cell，如图 3-2 所示。

刚刚插入之前的"活动 Cell"是第一个，所以现在的"当前 Cell"是第二个。还记得蓝色的含义吗？有奖竞猜哦！

抢答正确，答案是：命令模式！这个模式下是没法敲代码的，按回车键，或者用鼠标单击图 3-2 中方框内的任意区域，当前 Cell 即可切换到编辑模式，如图 3-3 所示。

图 3-1　ai-ch02.ipynb 页面

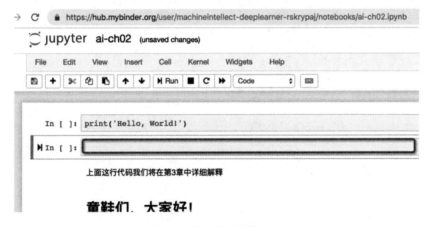

图 3-2　自动选中新的 Cell

图 3-3　编辑模式

　　除了左边的框线变绿以外，图 3-3 中箭头所示位置也会有光标在闪动，都是在提示这个 Cell 处于编辑模式。我们终于要敲代码了，开心！

在敲代码之前还要确定一件事，就是输入法已经调整到英文输入状态。

照着第一个 Cell，我们一起在当前 Cell（第二个）中输入以下代码：

```
print('Hello, World')
```

这行代码的关键词[1]是 print，一共 5 个英文字母，全部都要小写，这个一般都不会错。（啥？敲错了？那就去二班吧）

Jupyter Notebook 很贴心地为我们高亮了关键词，即输入正确时，关键词会变绿（Colab 中会变蓝）。

然后是一对圆括号，圆括号里面是一对单引号[2]，注意圆括号和单引号都是必须要在英文输入法下输入哦。这个是初学者容易出错的地方，出错的原因也很简单，通常是因为敲成了中文的引号或括号。

不知道英文输入法怎么设置？在微信公众号"AI 精研社"中发送"助教"即可获得帮助。

敲完代码后，单击 Cell 左边的"运行"按钮，得到输出结果，如图 3-4 所示。

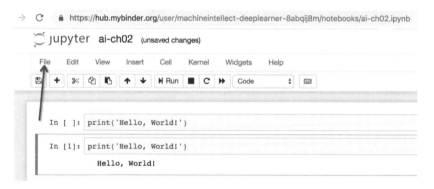

图 3-4　Hello, World 运行结果

终于把第 2 章的许诺兑现了。开心！

为了纪念我们人生中第一行亲手敲出的代码，我们要把这个 Notebook 保存下来。为啥？因为 MyBinder 不提供在线存储呀！而且只有 10 分钟的 inactivity(idle) 时间，意思就是如果打开的页面超过 10 分钟没有操作的话，就会被强制下线。但是页面不会关闭，代码没有丢，只是无法运行代码了。这时，如果有需要保存的代码，千万不要刷新页面！

Azure、Colab 和 Coursera 都可以在线保存，但是初次使用的话，要比 MyBinder 麻烦一点，童鞋们根据需要自行选择即可。

下载 Notebook 的方法很简单，选择 File 菜单，弹出菜单命令，如图 3-5 所示。

---

1　为了表达简洁，也为了让纯小白最简体验，这里使用了"关键词"这一表达，更准确的说法应该是保留关键词，即 reserved keyword。

2　在 Python 中，字符串也可以用一对双引号来表示，但是为了让初学者达到最简体验，便不在正文中提及了。而且在 Python 社区中有不少人认为单引号更有 Python"范儿"。

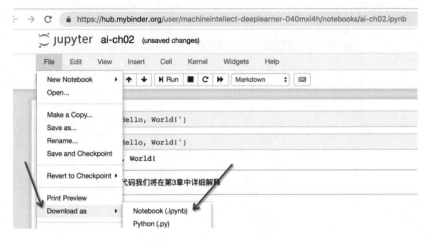

图 3-5　File 菜单命令

在弹出的 File 菜单命令中，依次选择 Download as→Notebook(.ipynb)命令，即可下载得到名为 ai-ch02.ipynb 的文件，如图 3-6 所示。

图 3-6　ai-ch02.ipynb 文件

这个文件就是 Notebook 文件啦！里面保存了我们的代码和运行结果，是学习的完整记录，在任何其他 Notebook 平台（当然也包括自行搭建的 Notebook Server）上都可以打开。通过邮件、GitHub、微信或其他方式把这个文件发送给其他小伙伴，是很潮的交流方式，有没有！

刚刚我们学习了下载。那么如何上传呢？其他人发来的 Notebook，或者是自己保存的 Notebook，想要在某个 Notebook 平台上打开运行，应该怎么操作呢？这就需要回到我们初见的 MyBinder 页面了。还记得那个页面叫什么名字吗？抢答正确，是 home 页！如图 3-7 所示。

图 3-7　home 页

单击图 3-7 中箭头所示的 Upload 按钮，会弹出上传文件对话框，如图 3-8 所示。

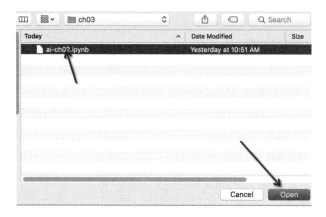

图 3-8  上传文件对话框

单击图 3-8 中箭头所示的 Open（或"确定""确认""打开"）按钮，回到 home 页，如图 3-9 所示。

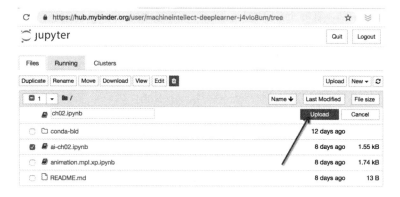

图 3-9  home 页，待上传的文件

单击图 3-9 中箭头所示的 Upload 按钮，就开始上传了。如果要上传的文件与已有文件的文件名相同，会弹出提示框，询问是否覆盖，如图 3-10 所示。

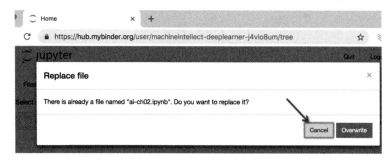

图 3-10  询问是否覆盖

如果不确定两个文件内容确实一模一样，最好不要覆盖，单击图 3-10 中箭头所示的 Cancel 按钮，回到 home 页，如图 3-11 所示。

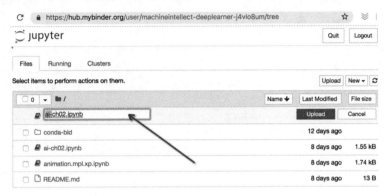

图 3-11 回到 home 页，文件名相同

单击图 3-11 中箭头所示的区域，对文件重命名，再单击 Upload 按钮，就开始上传了。除非是大文件，一般的 Notebook 通常是秒传。上传成功后，就可以在 home 页中看到新的文件了。

那现在我们可以放心的去休息了？稍等。每次学习结束前简单地总结下要点是良好的学习习惯。本节的要点总结如下：

这一节中，我们又掌握了 Notebook 的新用法，即插入 Cell 与下载、上传 Notebook。

在进一步熟悉 Notebook 操作的同时，还一起体验了人生中的第一个 Python 方法，这个方法的名字叫 print。以下是有关这个方法的笔记。

- print 方法由一个关键词（5 个字母一定是半角或英文输入状态，并且小写）和两对符号（半角或英文输入状态）构成。
- Python 中的方法名输入完整且正确时，关键词会被高亮显示（标准的 Jupyter 中变绿，Colab 中会变蓝）。

## 3.2 更多 print 玩法

上一节中，我们详细地解释了第一行代码（print HelloWorld）的每个细节，兑现了第 2 中章中的承诺，既然第 2 章已经彻底完成了，那就新建一个属于第 3 章的 Notebook 吧。

选择图 3-12 中箭头所示的 File 菜单，弹出菜单命令，如图 3-12 所示。

在弹出的 File 菜单中依次选择 New Notebook→Python 3 命令，弹出新页面，如图 3-13 所示。

这可是我们亲手创建的第一个 Notebook 哦，很有纪念意义对不？所以要起个好名字。

单击箭头所示位置，弹出"重命名对话框"，如图 3-14 所示。

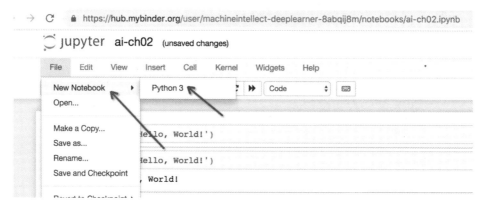

图 3-12 File 菜单

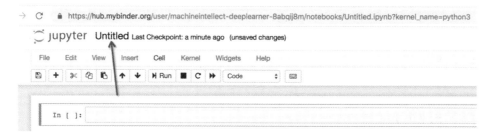

图 3-13 未命名的新 Notebook

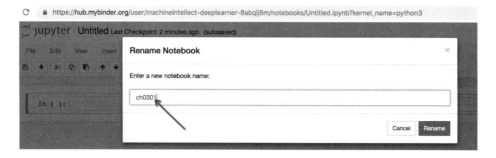

图 3-14 重命名对话框

在图 3-14 中箭头所示的位置输入 ch0302，ch 是章的英文 chapter 的缩写，03 表示第 3 章，02 表示第 2 节。童鞋们也可以放飞自我，起个自己喜欢的名字。有一点需要注意，合格的码农起的文件名、变量名和方法名都是规则统一，简单易懂又好记的哦！

刚刚有两个词可能会有点陌生，即变量名和方法名。方法名我们已经见过一个了，不仅见过还使用过并详细讲解过了，这么明显的提示，想到是哪个方法没？有奖竞猜，这可是送分题哦！

抢答正确！是 print 方法！我们刚刚学习的，即使是"锦鲤"也不会忘得这么快哦！

变量这个概念，我们稍后解释。单击 Rename 按钮（见图 3-14），重命名成功，如图 3-15 所示。

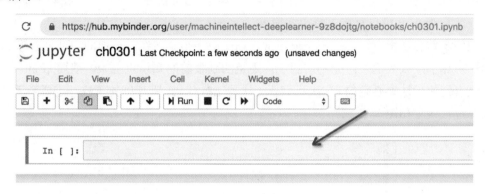

图 3-15　重命名成功

重命名成功后，当前 Cell 处于命令模式，单击图 3-15 中箭头所示区域的任意位置，或按回车键，Cell 即进入编辑模式。

喜欢探索的童鞋不禁要问，为啥只能按 1 次回车，按 2 次会有啥后果？这个自行尝试，没有危险，不用紧张。

刚刚我们写了一遍 print 方法，为了加深记忆，我们再来写第二遍。

如果是一模一样的写，有的童鞋可能会觉得烦了，所以我们改下单引号里面的内容。单引号里面的内容（图 3-15 中方框所示区域）其实是可以自由发挥的，但是不能包含单引号、圆括号或回车换行，因为这样会截断后面的单引号和圆括号。这次我们将内容换成自己的名字，代码与运行效果如图 3-16 所示。

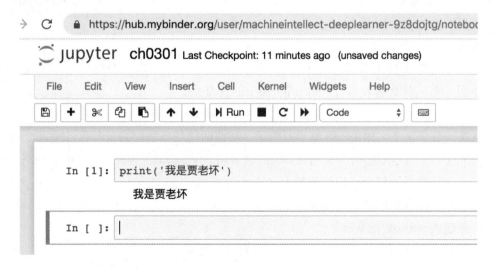

图 3-16　print 自己的名字

我们已经亲手敲了两行代码了，再来一遍，就可以完成举三返一的任务了，做任务领奖励，赚积分还能不断升级哦。

图 3-16 中所示的这行代码不仅让我们又练习了一遍 print 方法，还让我们认识到了一件事，就是 Python 可以直接支持中文输入。

有的童鞋会觉得奇怪，这不是很正常，理所应当吗！现在是这样的，可是遥想 30 多年前……算了，太久远了，先不遥想了。还是回到眼前的知识点上来，继续 print。

还有别的玩法？必须的！这次我们要一次写三行代码，零基础的童鞋一定要亲手敲哦。代码与运行效果如图 3-17 所示。

```
In [15]:    1  print('Hi')
            2  print('')
            3  print('Hi')

         Hi

         Hi
```

图 3-17　空行

比较细心的童鞋可能已经有所发现了。有奖竞猜：通过刚刚这个示例（图 3-17），我们可以得出什么结论？

答案是：空行。什么意思？

空行就是两个 Hi 之间空了一行，有的童鞋说没看出来。没关系，我们来个流行的打招呼三连，对照一下就更明显了，如图 3-18 所示。

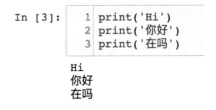

```
In [3]:    1  print('Hi')
           2  print('你好')
           3  print('在吗')

        Hi
        你好
        在吗
```

图 3-18　打招呼三连

对比两个示例图（图 3-17 和图 3-18）的输出，就能很明显地看到图 3-17 中所示的空行了。这说明，如果一对单引号之间什么都没有，这时 print 输出的就是空行了。

从第一节到现在，如果一直是手写的话，相信即使是零基础的童鞋也已经可以熟练地写出 print 了。为了庆祝进步，大家可以休息一会儿啦，不要忘记保存成果哦。如果是 MyBinder 平台的话，需要下载到自己的计算机上。

在休息之前我们还要简短地总结一下本节要点：
- 新建 Notebook 与重命名；
- print 方法可以输出中文、英文和标点符号，还可以输出空行。

更多的玩法，大家可以大胆尝试，有任何发现都可以到群里讨论哦。

# 3.3  最简体验 Python 变量

我们在第 2 章与本章都 print 了 HelloWorld，背后象征的意义是，向全世界宣告"我开始学习编程了"。

虽然我们向全世界 say 了 Hello，但是除了我们自己，或者正好坐在身边的小伙伴、汪星人，貌似没有其他人会听到我们的问候，毕竟这只是一行代码，又不是微博、Twitter 或脸书。

那怎么才能让更多的人收到我们发送的 Hello 呢？有的童鞋可能会说，给那么多人发个 Hello 也没啥实际用途呀。

这个童鞋非常棒，我们通常的思维习惯是拿到一个任务后立即考虑怎么把这个任务尽快完成，但是很少会思考为什么要完成这个任务。一项任务的上下游关系是什么？这些思考很重要，所以我们要养成主动独立思考的习惯。

回到刚刚这位童鞋的疑问，向那么多人发送 Hello 确实没啥实际用途，反而可能会造成对他人的干扰，试想如果每天我们一早醒来微信上收到 2000 个人发来的早安，邮箱里收到 50000 人发来的 Hello，那是什么感觉？

那么，有实际用途的场景是什么呢？

逢年过节，总要给亲戚、朋友、老师、同学、领导、同事、合作伙伴、前男友、前女友，以及其他亲密、重要、未专门提及的小伙伴们发上一波节日祝福。而微信、主流的邮箱都有群发功能，就是用来干这个事的！那么，这跟我们本节要学习的两个知识点有什么关系呢？我们一边撸码，一边举例说明。

假设有一种技术，可以把 print 出来的内容发送给指定的微信、邮箱和手机号……

有童鞋来不及举手就迫不及待地提问了：真的有这种技术？这个可以有！那我们第一步要做什么呢？有奖竞猜！

抢答正确！是建立通讯录。这位童鞋的经验值已经领先全球 99%的其他小伙伴了，有望率先升级哦，加油！

根据简单体验的原则，也简化一下我们的通讯录，代码与运行结果如图 3-19 所示。

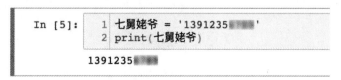

图 3-19  最简通讯录

看到了代码运行效果，我们再来详细解释下。

print 是我们上一节的主角，已经很熟悉了，对不？主动思考的童鞋又发现了一个问题，上一节我们讲 print 方法时，圆括号里面需要一对单引号，但是刚刚这个示例代码为啥只有圆括号没有单引号呢？

这是因为"七舅姥爷"在这里是变量，而不是字符串。唉呀，一下子又引出两个新概念，但不要紧张，字符串虽然是这一节才引出的概念，但是我们上节课已经反复使用啦。

HelloWorld，Hi，这些被单引号引起来的内容都是字符串，包括刚刚这个示例中的'13912356789'。所以总结一下就是，在 Python 中由一对单引号[3]括起来的内容，包括这一对单引号，构成了一个字符串，这对单引号里面不能直接包含的是单引号、圆括号、一对单引号或一对双引号中，只能包含一行字串。

如果想在一个字串中包含多行，需要使用一对三引号（即 3 个单引号）将这段多行字符括起来。可以发送"三引号"到微信公众号"AI 精研社"查看三引号的效果图。

现在我们对字串的理解已经是二级水平了哦。基于此，我们再来说一下变量。其实，变量我们上一节也已经用过了，就是自己的名字，这里举例用的是"我是贾老坏"，但这不是每位童鞋的名字，比如韩梅梅写的代码应该是 print（"我是韩梅梅"），小明写的代码应该是 print（"我是小明"）。

这就是变量的含义，上一节中自己的名字就是变量，可以简易地理解为属性，每个人都有，但是不尽相同。

以我们要创建的通讯录为例，每个人都有名字或者称呼，这个"称呼"就是变量，比如"韩梅梅""小明"。每个人也都有自己的手机号，这个"手机号"也是变量。

所以本节中我们定义的变量就是手机号，完整的变量名是"七舅姥爷的手机号"；按这个形式继续命名还可以有"韩梅梅的手机号""小明的手机号"。但是这么写有点麻烦，在不引起误导的前提下，尽量简洁，也是良好的编程习惯。所以我们就将变量名简化成"七舅姥爷""韩梅梅""小明"。

需要给"韩梅梅"发邮件，就 print(韩梅梅)，给"小明"打电话，就 print(小明)，而 print 方法括号里的就是变量名，不需要再加单引号了。代码与运行效果如图 3-20 所示。

图 3-20　"韩梅梅的手机号"与"小明的手机号"

---

3　list 可以存放变量，对于初学者而言，最简体验这一点即可。如果 list 中的元素太多，则只 print 这个 list 中的一部分元素。

有些童鞋会把变量这个概念与数学中的变量联系起来，那么恭喜，这位童鞋的理解是正确的。

一时间觉得没有 get 到要领的童鞋也不要担心，随着我们继续学习，会用到各种各样的变量，会自然而然地逐渐加深对这个概念的理解。

对刚刚接触的新领域中的概念，是需要一段时间消化理解的，这很正常，不要纠结，敲起代码，越敲越有感觉。对编程这种实践性极强的"体育运动"而言，干想是没太大帮助的，反而是有了初步的感性体验后，不断撸码，不断使用，不断总结，一段时间之后回过头来就会发现，原本感觉理解不透的概念已经通透掌握了。

等号"="的作用是赋值，可以简易地理解为，告诉等号"="左边的是变量，右边一对单引号里的是手机号，帮我存起来哦！

在进入休息环节之前，我们总结一下本节的要点。

- 一个 Python 字符串由一对单引号及其包含的内容组成；
- 一个半角等号"="在 Python 中表示赋值，将"="右边的值（如一个字符串）赋值给左边的变量。

如果已经掌握了本节的内容，代码敲得也是熟练的飞起，那么恭喜，请自由选择休息、炫富或直接进入下一节的学习。

如果对刚刚总结的两个要点（不包括变量这个概念的理解）有任何疑问的话，请立即联系本书专门提供的助教，微信公众号中发送"助教"即可获取当天值班助教的联系方式。

# 3.4　最简体验 Python 列表与遍历

上一节中，我们初步体验了变量的使用，但是还没有真正体验到变量的威力。本节中，我们将结合循环，来进一步体验变量的作用。

现在，我们的通讯录中已经有 3 个人了。人多了，就需要要整理一下了。工具就是方括号，注意是方括号，不是圆括号！而且是一对方括号哦！重要的事情说了三遍，总有一遍能听进心里了吧。

那么，还是看了代码再解释吧。代码与运行结果如图 3-21 所示。

```
In [12]:    1  通讯录 = [七舅姥爷,韩梅梅,小明]
            2  print(通讯录)

['1391235     ', '1371235     ', '1381235     ']
```

图 3-21　通讯录

有了上节课的基础，每个童鞋都可以抢答以下这个送分题了。

前面的示例代码中的"通讯录"是什么？大家一起回答！

答案：Bingo! 是变量。但是这个变量跟上一节中的 3 个变量感觉有点不同，因为这个变量的类型不同。

"七舅姥爷""韩梅梅""小明"这 3 个变量中存储的内容是字符串，而"通讯录"这个变量中存储的是这 3 个变量！

"通讯录"这个变量的类型是 list，翻译成中文就是列表。大家思考一下不难发现，手机上的通讯录本质上就是一张表。这个概念如果一时间不好消化也不要紧，我们后面会慢慢体会。现在要只需要记住两点，敲黑板级别的重点来了哦！

"通讯录"这个变量用于存放一组变量，变量之间用半角逗号间隔，所有变量放在一对方括号里面，每个具体的变量称为一个元素。

print(通讯录)就是将变量里面存放的"七舅姥爷""韩梅梅""小明"这 3 个变量的值 print 出来。又到了有奖竞猜的环节了，还记得我们最初的目的吗？

有童鞋已经抢答了。抢答正确，是要发送祝福！

直接这么 print 通讯录好象哪里不对，所以我们要引入一个新的技术循环（遍历）。初次接触这个词可能不明白是啥意思，我们想象一下这个场景，过年时，长辈会告诉我们上午去哪里拜年，下午去哪里，明天去谁家，后天谁来咱们家。这些安排背后的逻辑是，所有的亲戚都要联系一遍，这个过程就叫遍历。

有的童鞋会说，我才不一家家地跑呢，群发一下消息就好啦！那我们就来模拟一个通讯录里的遍历。代码与运行效果如图 3-22 所示。

图 3-22　遍历通讯录

遍历操作的关键点有以下 3 个：

- for 关键词，其后跟的是一个空格和一个变量名，这个变量名是临时变量，用来临时存放从通讯录里取出来的手机号；
- In 关键词，表示是从哪个变量中取手机号，就是"通讯录"这个变量喽！in 的前后也都要有空格；
- for 这行代码的结尾处是一个冒号"："，千万不要忘记或者手抖敲成别的符号哦；

for 这行代码都敲正确时，回车会自动缩进，即，第 2 行 print 语句之前自动添加了 4 个空格。

两行代码连在一起的含义就是，从"通讯录"这个变量中取手机号，一次取一个，取出来的手机号临时存放在"手机号"这个变量中，然后 print 这个临时变量。这样我们就可以精准地操作每一个手机号了。

主动思考的童鞋不禁要问了，这就只是 print 了，哪有什么精准操作呀？没错，这位童鞋非常棒，一下抓到了关键点，这正是下一节的内容。

进入下一节（或者休息、运动）之前，我们要先确认已经掌握了本节的要点，就是刚刚总结的遍历操作的关键点，以及有关 list 的要点。

- list 是一种变量，用于存放一组变量，每个具体的变量称为这个 list 中的一个元素；
- print 这个 list，就是 print 这个 list 中每个元素的值。

童鞋们一定要先把这一节的代码多敲两遍。熟练掌握每一节的知识点，是顺利学习下一节的基础。千万不要手懒，也不要打算一口气追到结局，这都不是好习惯哦！

# 3.5　最简体验 Python 字典

上一节的结尾处有位童鞋提了一个关键性的问题，如何才能精准地操作手机号？回答这个问题之前，我们先回忆一下，拜年时的真实操作。有的童鞋可能真的是对所有人群发拜年信息；但是还有一部分童鞋会分组，比如亲戚一组，幼儿园同学一组，小学同学一组，初中同学一组……

而对于很重要的人通常是单独发，比如"尊敬的李老师，学生韩梅梅祝您新年快乐！"，这样的祝福显然是没法群发的。

手机不能群发，不代表 Python 不能哦！以群发的方式实现单独发送的效果，正是体现 Python 编程作用的好机会！那么具体怎么做呢？

我们先来分析一下祝福语的构成，"尊敬的李老师"是称呼，换成"尊敬的张老师"，只需要改一个字；"学生韩梅梅祝您新年快乐！"这句话可以适用于所有的老师。这样就分析出了以下两点：

- 称呼：可以把称呼当做变量，尊敬的某某人，这个某某人可以预先存在通讯录里，需要发送时程序取出这个变量的值即可；
- 关系：根据联系人与自己的关系，决定后半句。

一下子说这么多，似乎不符合最简体验了，那么我们再简化一下。我们先只考虑老师这一个分组，然后再不断升级程序，此时只需要把称呼当作变量来处理就好了。代码与运行效果如图 3-23 所示。

有的童鞋一看就慌了，咋这么多代码！不要慌，仔细看下，保证通俗易懂，分分钟掌握。

首先，这是两个变量。这两个变量里面存储的内容大家都很熟悉了，大声的回答是什么类型？

回答正确！经验积分已经赚到手软了，有没有！

答案是字符串！等号表示赋值，也是老朋友了。print 更不用说了，闭着眼睛都能认出来。

```
In [22]:    1 李老师 = {'称呼': '李老师',
            2         '手机号': '1391235    '}
            3 print(李老师)
```

{'称呼': '李老师', '手机号': '1391235    '}

```
In [23]:    1 张老师 = {'称呼': '张老师',
            2         '手机号': '1392235    '}
            3 print(张老师)
```

{'称呼': '张老师', '手机号': '1392235    '}

图 3-23　老师分组

剩下的就只有两个点了，眼神好的童鞋回答一下是哪两个点？

回答正确！是花括号与冒号。这是新的数据类型，叫做字典类型（dictionary），这个"字典"与我们小学就已经掌握的新华字典的使用方式很像。新华字典忘记怎么用的童鞋回学校找老师补课，这里就不再说了。

Python 中的字典是以"键:值"的形式构成的，冒号"："的左边是键（key），可以理解为通用的属性，比如称呼、手机号；冒号"："右边的是值（value），就是具体的称呼是"李老师"还是"张老师"。

通过字典类型，我们就可以实现本节开篇时的设计了。取出每个人的称呼，组成祝福语，然后发给相应的手机号，虽然原理是群发，但每个人看到的实际内容都是其专属的。

那么具体怎么把称呼与祝福语组在一起呢？这就要用到字符串拼接操作了。其实很简单，请看图 3-24 所示的代码及运行效果。

```
In [26]:    1 print('尊敬的'+张老师['称呼'])
```
尊敬的张老师

图 3-24　字符串拼接

虽然只是一行代码，但是包含了两个操作：

- 张老师['称呼']，是从'张老师'这个变量中取出'称呼'这个 key 的值；
- 将取出来的实际称呼与'尊敬的'这个字符串拼在一起，方法就是一个简单的加号+，这样就可以用代码拼出每个人专用的祝福语了。是不是很神奇？但是祝福语现在还不完整，童鞋们尝试一下自己完成呗！在休息之前，先总结一下本节的要点：
- 字典变量的定义（为这个字典变量赋值）与使用（从这个字典变量取某个 key 的值）；
- 字符串的拼接。

在进入下一节之前，一定要掌握本节及之前的要点哦！掌握的方法就是多敲两遍代码，自己一个人敲太烦？进群里找几个"道友"一起"修炼"吧！

# 3.6 项目实战：智能通讯录

我们已经体验了 print 方法，如字符串、变量、遍历，以及多种变量类型，如列表（list）和字典（dictionary），更专业的说法是数据结构（Data Structures），即 list、dictionary 是不同的数据结构，特点不同，用途不同。

在本节中，我们要实现前面的设计，把多个老师分成一组，群发专属于每个老师的祝福信息。

首先，我们要完成上一节结尾处的思考题，拼接完整的祝福语。代码及运行效果如图 3-25 所示。

```
In [29]:   1 '尊敬的'+张老师['称呼']+'，学生韩梅梅祝您新年快乐！'

Out[29]:   '尊敬的张老师，学生韩梅梅祝您新年快乐！'
```

图 3-25  完整的祝福语

仔细看这行代码，有没有新的发现？没错！天塌了，地陷了，print 方法不见了！

这是 Jupyter Notebook 的一大便捷之处，在 Cell 中可以直接运行变量，效果相当于 print 方法，即输出变量或表达式的值。

哦，确实方便。等等，变量这个概念已经很熟悉了，突然冒出个"表达式"是什么含义？

别激动，两个字符串用加号"+"拼起来，这就是一个表达式，类似的还可以是 1+1，3×5。代码及运行效果如图 3-26 所示。

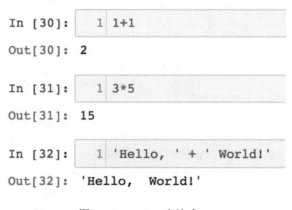

```
In [30]:   1 1+1

Out[30]: 2


In [31]:   1 3*5

Out[31]: 15


In [32]:   1 'Hello, ' + ' World!'

Out[32]: 'Hello,  World!'
```

图 3-26  Python 表达式

拼接完整的祝福语之后，就要实现分组的功能了，即将老师们放在一组。具体用什么技术呢？有奖竞猜！提示：本节开篇就提到了这个技术！

抢答正确，是 list。

每个老师的信息都保存在一个 dictionary 类型的变量中，再将多个 dictionary 存到一个 list 中。思路想清楚了，代码也就很容易写了，代码及运行效果如图 3-27 所示。

```
In [33]:    1  t_li = {'称呼': '李老师',
            2          '手机号': '1391235    '}
            3  t_zhang = {'称呼': '张老师',
            4             '手机号': '1392235    '}
            5  t_zhao = {'称呼': '赵老师',
            6            '手机号': '1393335    '}
            7  teachers = [t_li, t_zhang, t_zhao]
            8  teachers

Out[33]:  [{'手机号': '1391235    ', '称呼': '李老师'},
           {'手机号': '1392235    ', '称呼': '张老师'},
           {'手机号': '1393335    ', '称呼': '赵老师'}]
```

图 3-27　list 分组

teachers 是一个 list 变量，其中的每个元素都是一个具体的老师。

前面的这段代码不仅实现了分组，而且对原有的代码进行了改造升级。这是因为，虽然 Python 支持中文变量名，但是从撸码效率上来说还是用英文更快些。

以李老师的变量名为例，t 是老师的英语 teacher 的首字母，然后是一个下划线，可以理解为"的"，li 就是李老师的姓喽。连在一起就是'姓李的老师'。这种命名规则来自于英语的语法，是国际通用的习惯。初学者多敲几遍，很快就适应啦！

前面几节是为了给零基础的童鞋们一个适应的过程，所以用中文变量名，也便于大家理解和记忆。即将完成 5 节内容学习的童鞋们，已经不再是纯小白了，所以先从变量名开始，向专业的码农迈出坚实的一步。

把前面掌握的知识点综合起来，我们就可以实现对老师分组的专属祝福信息群发了。代码及效果如图 3-28 所示。

```
In [37]:    1  for t in teachers:
            2      print('尊敬的'+t['称呼']+'，学生韩梅梅祝您新年快乐！')

尊敬的李老师，学生韩梅梅祝您新年快乐！
尊敬的张老师，学生韩梅梅祝您新年快乐！
尊敬的赵老师，学生韩梅梅祝您新年快乐！
```

图 3-28　小综合完成

看到这个示例的输出，是不是已经有了智能的感觉了！单独给每位老师发祝福信息，又不用自己亲手编辑发送，开心！在庆祝之前，不要忘记总结要点哦。

- 本节我们体验了 Notebook 的另一个特性，可以省略 print，直接输出变量和表达式的值；
- 引入了新的术语"表达式"。

将前面 5 节学习过的知识点进行了综合运用，确认这些要点真的已经掌握了，就可以放心地去玩耍了，如果有问题，一定要第一时间联系助教解决哦。

# 3.7　分支语法 if

不知不觉间已经掌握很多 Python 语法了，还记得我们最初要做什么吗？有奖竞猜哦！

回答正确！通讯录！而且是智能通讯录，可以智能地帮我们给亲朋好友发祝福信息，可以让每个人收到的内容都不一样，让他们以为咱们是亲手单独发给他的。

实际上，虽然不是亲手单独发送，但是代码可是我们亲手敲的哦！

现在的通讯录还有一点不完美，就是只能给一个分组发送，即老师分组。而实际使用时，需要给不同的分组发不同的信息。如何实现这样的功能呢？这就需要用到分支语法 if。那么，什么是分支语法呢？

## 3.7.1　最简体验分支 if

我们小学的时候就学习过如果……就……这样的造句。Python 的分支语法也是这样的 if… else，即如果符合某个条件，就做某个操作，如 print('yes')，如果不符合，就做另一个操作，(如 print('no')。

我们来最简体验一下，代码与运行效果如图 3-29 所示。

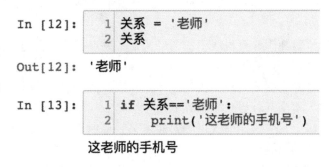

图 3-29　最简体验分支

示例（图 3-29）中包含两个 Cell，第一个 Cell 是变量，童鞋们已经非常熟悉了；第二个 Cell，就是分支语法。if 这行代码就是条件，判断变量的值是否为'老师'，判断的关键字是两个连续的半角等号"=="，结尾处是半角冒号"："，这一点与 for 语句的末尾相同。

与 for 语句相似，if 这行代码都敲正确时，回车后会自动缩进，即第 2 行 print 语句之前会自动添加 4 个空格。

主动思考的童鞋又有问题了？请讲！

这个 if 语句看起来没什么用呀，"关系"这个变量存的就是'老师'这个字符串呀。

这个问题非常好！主动积极思考是每一位合格码农的必备条件。

刚刚这个示例（图 3-29）只是为了最简体验 if 语法，我们稍微修改一下，就有不同的效果了。代码与运行效果如图 3-30 所示。

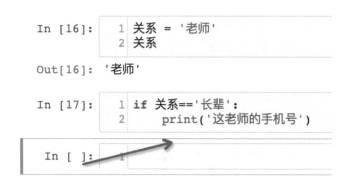

图 3-30　条件不符合

注意看图 3-30 中箭头所示的位置，当前 Cell 已经移下来了，这说明上一个 Cell 运行成功了，但是没有任何输出，这是因为这次我们给 if 的条件是要判断"关系"这个变量是否是"长辈"，如果是，就 print。

由于这次的'关系'变量依然是'老师'，因此没有 print，所以箭头所示位置没有任何输出。

主动思考的童鞋又有问题了：没有输出容易引起误会，以为程序出错了。

说的非常好！是这样的。这位童鞋不仅已经具备了合格码农的习惯，还具备了产品经理的能力！

回忆一下我们平时使用计算机或手机的经验，如果点了一个按钮半天没有反应，我们会怎么做？关掉这个程序，对不？

设计精良的软件则会提示用户"我正在打开，亲，稍等哦"，然后还会显示一个进度条，这才是合格的人机交互，显示了强烈的求生欲望。

回到我们的代码上，应该如何改进呢？在本节开篇时已经给了答案了，就是 else。代码及运行效果如图 3-31 所示。

变量'关系'的值仍然是'老师'，而第二个 Cell 中我们增加了两行，即 else:和 print('这不是老师的手机号')。

在敲代码时，有以下两点需要注意：

- 如果是从这个 Cell 的第二行，即 print('这老师的手机号')的结尾处回车的话，会自动添加 4 个空格，如果直接敲 else:，则运行的时候会报语法错误，如图 3-32 所示。

```
In [19]:    1  关系 = '老师'
            2  关系

Out[19]: '老师'

In [20]:    1  if 关系=='长辈':
            2      print('这老师的手机号')
            3  else:
            4      print('这不是老师的手机号')

这不是老师的手机号

In [ ]:     1
```

图 3-31　代码运行结果

```
1  if 关系=='长辈':
2      print('这老师的手机号')
3      else:
4          print('这不是老师的手机号')

File "<ipython-input-3-63fd52e7aa0a>", line 3
    else:
        ^
SyntaxError: invalid syntax
```

图 3-32　错误的缩进

所以需要我们删除 else 前面的这些空格，保持与 if 的对齐。
- else 的后面也有一个半角冒号 "："，不要忘记了。

以上综合起来，就是 if 这行的条件不符合，所以执行的是 else 的操作。由于条件的不同，程序执行的操作可能会不同，所以这个语法叫分支。是不是很生动形象又简单好记？又掌握了一个新的语法，是不是很有成就？在休息之前，不要忘记总结一下要点：
- if 语句可以只有 if 行，也可以是 if 行+else 行；
- if 行用于写条件，判断相等是两个连续的半角等号 "=="；
- if 行或 else 的结尾处都要有冒号；
- else 行要与 if 行对齐，否则运行程序时会报错。

本节的内容理解起来应该比较容易，但是对于纯小白，可能一时间不容易记熟，不要着急，多敲几遍代码就好啦！

## 3.7.2　在智能通讯录中使用分支语法

上一节中，我们是直接给"关系"这个变量赋值，然后在 if 语句中进行条件判断。更贴近实际的用法，是从老师这个 dictionary 类型的变量中取'关系'这个 key 值，代码与运行结果如图 3-33 所示。

```
1  c = {'称呼': '李老师',
2       '手机号': '1391235     ',
3       '关系': '老师'}
4  c
```

{'关系': '老师', '手机号': '1391235     ', '称呼': '李老师'}

```
1  if c['关系'] =='老师':
2      print('尊敬的'+t_li['称呼']+'，学生韩梅梅祝您新年快乐！')
```

尊敬的李老师，学生韩梅梅祝您新年快乐！

图 3-33 t_li 升级版

这个示例有两个 Cell，第一个是定义变量并输出。这个变量是我们在 3.6 节中定义的变量 t_li 的升级版，增加了'关系'这个 key。这是我们用于判断的条件，并且变量名变成了一个小写的英文字母 c，它是来自于联系人的英语 contact 的首字母。

第二个 Cell 是上一节中 if 示例（图 3-32）的升级，如果'关系'这个 key 符合'老师'这个条件，则取出'称呼'这个 key 的值，与给老师的祝福语拼接成完整的字符串。

对应上一节中的 else 示例（图 3-32），我们再以 dictionary 类型的'七舅姥爷'体验一下 else 分支，代码与运行结果如图 3-34 所示。

```
1  c = {'称呼': '七舅姥爷',
2       '手机号': '1391235     ',
3       '关系': '长辈'}
4  c
```

{'关系': '长辈', '手机号': '1391235     ', '称呼': '七舅姥爷'}

```
1  if c['关系'] =='老师':
2      print('尊敬的'+c['称呼']+'，学生韩梅梅祝您新年快乐！')
3
4  else:
5      print('年经帅气的'+c['称呼']+'，梅梅祝您新年快乐，压岁钱直接打微信就可以啦！')
```

年经帅气的七舅姥爷，梅梅祝您新年快乐，压岁钱直接打微信就可以啦！

图 3-34 七舅姥爷升级版

第 1 个 Cell 中的变量名依然是 c，而赋给这个变量的值虽然变化了，但格式是一致的，都是 3 个 key。

第 2 个 Cell 中的 if 分支是直接复用（暂时简单地理解为复制和粘贴），else 分支是取出'称呼'这个 key 的值，与给长辈的祝福语拼接成完整的字符串。

将这两个示例（图 3-33 和图 3-34）的输出结合起来看，是不是已经有了更智能的感觉了？但是每个示例都仅仅是给一个人发祝福，还没有实现群发。我们最初的目标可是要给每个人群发专属祝福的哦！下一节，我们将一起实现这个功能。但是强烈建议童鞋们在进入下一节之前，自己先思考尝试一下，这个主动独立思考的过程很重要哦！

每次下课前，应该做什么？一起回答！

总结要点！

本节仅引入了一个新的概念，即复用，但是没有具体讲这个概念是什么含义，这是因为相关的知识还没有学完。但是我们已经体验到了一点，就是将前面写过的代码中的一部分复制和粘贴并稍微改动一下就能实现新的功能了。现阶段清楚这些体验是什么就可以，随着继续学习会逐渐理解"复用"的含义。

纯小白不要一直盯着初次接触的抽象概念，确认了直观体验就可以。请把更多的注意力和时间用于反复练习代码，熟练掌握分支语法与 dictionary 类型变量的综合使用。

在确认已经熟练掌握了分支+dictionary 之后就可以休息了，如果跑不通或不理解某行代码，一定要第一时间召唤神龙哦！

### 3.7.3　智能通讯录 0.2

在软件行业，一款软件是要不断升级的，即发布新版本。软件版本的命名通常是"软件名+版本号"，一般第一次发布是 1.0，表示是这个软件的第一版，随着不断升级就是 1.1、1.2、2.0。那为什么会有 0.9 或 0.x 这种小于 1.0 的版本呢？这表示这个软件的最初功能还没开发完，但是已经可以供喜欢尝鲜的用户体验了，而普通的吃瓜群众可能并不适用。

我们开发的这款智能通讯录也是这样，不会 Python 的吃瓜群众暂时是没法使用的，所以只能叫 0.x。出于这个原因，3.6 节中的智能通讯录只能叫 0.1 版本，而我们现在要做的就是在 0.1 版本的基础上升级功能，不仅可以给老师发祝福语，还可以给长辈发祝福语，所以就叫 0.2 版本了。

那么，开始吧！思路非常简单，只需要两步。

（1）先定义一个通讯录变量，变量名为 contacts。为啥？因为通讯录对应的英语就是 contacts 呗。通讯录是一个 list，list 中的每个元素是一个 dictionary，代表一个具体的联系人。代码与运行效果如图 3-35 所示。

是不是每行代码都很熟悉？是因为前面学习的时候没有像这样综合起来。

（2）从通讯录中依次取出每个联系人（变量名为 c），根据每个联系人的"关系"，拼接相应的祝福字符串。

这一步的代码没有多少难度，但是对 Notebook 方面的纯小白而言，可能会遭遇缩进的问题，如图 3-36 所示。

这个问题我们前面也遇到过，这可能是 Notebook 唯一美中不足的地方了。造成这种缩进错误的原因是直接在默认缩进的位置将之前的代码复制、粘贴过来了。

```
1   t_li = {'称呼': '李老师',
2          '手机号': '1391235▓▓▓▓',
3          '关系': '老师'}
4   t_zhang = {'称呼': '张老师',
5             '手机号': '1392235▓▓▓▓',
6             '关系': '老师'}
7   七舅姥爷 = {'称呼': '七舅姥爷',
8          '手机号': '1391235▓▓▓▓',
9          '关系': '长辈'}
10  contacts = [t_li, t_zhang, 七舅姥爷]
11  contacts
```

```
[{'关系': '老师', 手机号': '1391235▓▓▓▓', '称呼': '李老师'},
 {'关系': '老师', 手机号': '1392235▓▓▓▓', '称呼': '张老师'},
 {'关系': '长辈', 手机号': '1391235▓▓▓▓', '称呼': '七舅姥爷'}]
```

图 3-35　变量 contacts

```
1  for c in contacts:
2      if c['关系'] =='老师':
3      print('尊敬的'+c['称呼']+'，学生韩梅梅祝您新年快乐！')
4  else:
5      print('年经帅气的'+c['称呼']+'，梅梅祝您新年快乐，压岁钱直接打微信就可以啦！')
```

图 3-36　MyBinder 上错误的缩进

这里默认缩进的意思是，敲完第一行代码之后回车，Notebook 自动在第二行光标之前添加了 4 个空格。

同样的问题在 Colab 上稍好一点，如图 3-37 所示。

```
for c in contacts:
    if c['关系'] =='老师':
      print('尊敬的'+c['称呼']+'，学生韩梅梅祝您新年快乐！')
else:
      print('年经帅气的'+c['称呼']+'，梅梅祝您新年快乐，压岁钱直接打微信就可以啦！')
```

图 3-37　Colab 上错误的缩进

Colab 上解决这个问题比较容易，单击图 3-37 中箭头所示的位置，即 else 的前面，将光标移到这行的行首位置，然后按一下键盘上的 Tab 键，千万不要多按哦！调整后，缩进正确，如图 3-38 所示。

而 MyBinder 上的操作要多两步，在敲完 for 这行代码后回车，然后删除自动添加的这些空格，将光标移至行首，如图 3-39 所示。

图 3-39 中箭头所示的位置是正在闪烁的光标。确认是行首后，复制、粘贴代码段，效果如图 3-40 所示。

```
for c in contacts:
  if c['关系'] =='老师':
    print('尊敬的'+c['称呼']+'，学生韩梅梅祝您新年快乐！')
  else:
    print('年经帅气的'+c['称呼']+'，梅梅祝您新年快乐，压岁钱直接打微信就可以啦！')
```

图 3-38　Colab 上正确的缩进

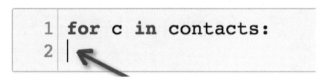

图 3-39　光标移至行首

```
1  for c in contacts:
2  if c['关系'] =='老师':
3      print('尊敬的'+c['称呼']+'，学生韩梅梅祝您新年快乐！')
4  else:
5      print('年经帅气的'+c['称呼']+'，梅梅祝您新年快乐，压岁钱直接打微信就可以啦！')
```

图 3-40　直接粘贴后的代码

这行缩进仍然不对，但是没关系，只差最后一步了。选中刚刚粘贴过来的代码，即图 3-40 中的 2～5 行，不包含第 1 行哦！然后按一下 Tab 键，只能按一下哦！缩进调整到正确格式，代码与运行效果如图 3-41 所示。

```
1  for c in contacts:
2      if c['关系'] =='老师':
3          print('尊敬的'+c['称呼']+'，学生韩梅梅祝您新年快乐！')
4      else:
5          print('年经帅气的'+c['称呼']+'，梅梅祝您新年快乐，压岁钱直接打微信就可以啦！')
```
尊敬的李老师，学生韩梅梅祝您新年快乐！
尊敬的张老师，学生韩梅梅祝您新年快乐！
年经帅气的七舅姥爷，梅梅祝您新年快乐，压岁钱直接打微信就可以啦！

图 3-41　智能通讯录 0.2 版最终运行效果

大功告成！以后逢年过节就靠它了！在出去庆祝之前，不要忘记先总结要点哦！

本节的要点有两方面，一方面是程序设计思路，这次不是多敲几遍就能立即获得了，是一个需要不断主动独立思考，逐渐积累的过程。但是只要坚持对本书中的每次互动问答都主动地独立思考，学习完本书后，一定可以具备这样的能力。

智能通讯录 0.2 版的设计思路如果没能前提想到，没有关系，这也是学习本节内容的价值。但是，如果学习完本节内容后，对这个设计思路还有不理解的地方，一定要第一时间联系助教答疑解惑哦！

另一方面，是多练习几次就可以掌握的操作，没错，就是 Notebook 的调整缩进方法。

如果童鞋们确认智能通讯录 0.2 版的设计思路已经理解清楚了，Notebook 缩进也熟练地"飞起"了，那就可以安心的去 Happy 了！

# 3.8　小　　结

恭喜童鞋们已经系统地学习了 Python 编程中最基础、最核心的语法，同时初步形成了良好的编程习惯！这是我们后续学习 DL 的基础，也是学习 Python 其他方向（包含但不限于 Web、爬虫、后端、数据分析和数据挖掘）的基础。

真正掌握了这些知识点后，童鞋们不仅可以轻松学习上述这些方向的知识，甚至还会发现，再去学习其他编程语言，如 Java、C++，也会比纯小白直接学习这些语言（Java、C++）要轻松容易得多。很神奇，有没有！

所以 Python 真的是目前这个星球上最适合纯小白入门编程的语言了，没有之一！不管童鞋们未来从事哪个方向的工作，甚至从事与代码无关的工作，掌握本章中的要点对未来发展都是大有裨益的。

那么问题来了，童鞋们真的掌握这些要点了吗？

## 3.8.1　真正掌握了吗

在本章中我们以智能通讯录这个案例为主线，系统地学习了 Python 编程中最基础、最核心的语法知识，但是，学习了不等于掌握了。自认为掌握了，也不代表真的掌握了。

那么如何确认自己是否真正掌握了这些要点呢？如何进行自我检查呢？最简单的方法，就是在不参考任何资料的前提下（包括本书的讲解部分）完成习题。如果可以顺利地完成习题，那么恭喜你是真的掌握了！

如果没有，可能是没有理解，也可能是理解了，记得不牢靠，怎么办？

简单粗暴的方法，就是直接再从头学一遍。当然这一遍学起来要快得多。更加有意义，同时也是为社区做贡献的一种形式，就是加入助教团队。原理是这样的：

小明在助教小坏的帮助下，认真完成了本章的要点学习，照着书，可以准确无误地运行每个案例，而且搞懂了每节结尾处列出的要点。

可是，一旦合上书，暂时还不能顺畅、熟练地写出这些代码。这不是要默写哦，而是像平时聊天一样，将自己的想法转化成代码来表达。平时聊天时的表达就是我们平时讲的话，而这里的表达就是一行行可以运行出正确结果的代码。

这说明对这些语法的使用还没有达到"如臂使指"。怎么办？

像小坏帮助小明那样，小明再去帮助更新的新人，比如韩梅梅。虽然在其他课上韩梅梅表现得比小明优秀，但是这次有了社群的帮助，小明在编程的学习上实现了逆袭，不仅学得比韩梅梅更快，而且效果还更好。

小明得到了社群的帮助，实现了自己与社群的共同进步。现在有机会回馈社群，当然没有任何犹豫。当初小坏怎么帮助小明的，现在小明就怎么帮助韩梅梅。当小明帮助韩梅梅完成本章的要点后，惊奇地发现，他不仅对基础部分的要点已经"如臂使指"了，而且连扩展部分的知识都理解得差不多了。

韩梅梅得到了社群的帮助，实现了自己与社群的共同进步，再继续帮助更新的新人……

不管是通过自己一个人反复敲代码，还是与小伙伴互动交流，总之本章完成后，就默认童鞋们已经不再是纯小白了，而是掌握了 Python 基础语法的准码农。

既然是准码农了，就要在一些方面显示出一定的专业性，如交流讨论时，使用专业术语，这样更精准、更高效。在写代码时，本坏也不需要再专门提醒是半角符号或英文输入法。而是更多地体现专业方面的注意事项、代码习惯。欢迎到群里交流讨论哦！

## 3.8.2　真的能用吗

爱思考的童鞋可能有一个问题还没有机会提出来，看到这章马上进入尾声，不得不提了。那就是这个智能通讯录真的能做出来吗？做出来真的能用吗？不是仅仅在 Jupyter 上运行的代码，而是在我们平时使用的安卓（Android）和 iPhone 等手机中应用。

回答是必须可以！

用安卓手机的童鞋都有过这样的经历，随便安装一个应用，都会询问"是否允许某应用获取某权限"，仔细看的话就会发现，其中有两项是必问：是否允许访问手机通讯录，是否允许访问短信。如果点了允许，那么这个应用真的会读取我们手机上的这些信息。

这是因为 Android 提供了这样的接口（纯小白先不要纠结这个术语），允许第三方应用程序读取用户的这些信息，而我们的智能通讯录就可以做成这样的第三方应用，与手机中各种应用商店中的应用一样，供所有用户下载使用。

将这个教学版的程序完善成手机上的应用程序，即调用手机上的短信功能真实发送短信，大约需要 45 天×10 小时的时间，其中的大部分时间是 Android 应用开发的学习，因此已经超出了本书的主题范围。

除了直接调用 Android 手机上的短信功能以外，也可以使用短信网关，就是我们收验证码时看到的 106 开头的短信。大约需要 7 天×10 小时的学习时间，同样也超出了本书的主题范围。

以上是短信功能的技术可行性说明。简单说就是，这个智能通讯录的手机应用是确定可以做出来的！而且不仅可以操作短信、邮件、微信、QQ，甚至打电话，都是可以做到的！

但是这些都不在本书的主题范围内，因此不再展开。对此感兴趣的童鞋可以到群里交流。

## 3.8.3　真的智能吗

智能是个筐，啥都可以装。这是调侃！我们要从两个角度来考虑这个问题。

### 1．产品角度

对于普通用户而言，一个软件、一款产品是否应用了什么技术并不重要，能带来实用的功能才重要。有的童鞋可能目前还不能体会社交爆炸，但是随着与社会越来越多的接触，慢慢会体验到有很多联系人的感觉，甚至多到自己不知道有多少。

其实，想要最简体验这个感觉也简单，加几个广告群或微商群，很快就能知道什么叫干货被垃圾信息掩埋了。

再回到智能通讯录这个案例上来，这个示例（图 3-41）首要的作用是以一个案例贯穿 Python 的基础语法，并且让读者体会每个语法如何在一个应用中发挥作用。除此之外，也能通过这个案例了解到另一件事，就是市场上很多看起来很智能的产品和功能，可能并没有用到人工智能算法，但是这没关系，好用就行。

与此相反的是，有一些产品确实用上了人工智能算法，但是用的方法不对，产品设计也有问题，所以最终的效果是，一点不智能，反而很智障。

有没有又实用又智能的功能呢？当然有。例如，QQ 上的好友亲密度，这不需要用人工智能算法，本质上只是数据统计，以提前预设的指标进行筛选，如互相之间交流的频率，互相点赞的次数，共同所在群的数量。还有每年支付宝为每个用户定制的账单，一年一共花了多少钱，日常生活花了多少，娱乐方面花了多少，淘宝花了多少，这些看起来很智能，其实本质上运用的仍然是数据统计与分析方法。

所以，一个产品有没有用，好不好用，是很多因素共同决定的，不是用到了人工智能算法就一定智能，也不是没有人工智能算法，就不智能。

以上是从普通用户的体验，即产品角度进行的简单解释。但毕竟我们的目标是要学习人工智能算法的，所以还要从算法角度再来分析一下。

### 2．人工智能算法角度

本章没有涉及人工智能算法，因为我们首先要掌握 Python 编程与其他一些基础知识，才能学得懂人工智能算法。虽然目前还没有到使用人工智能算法的时候，但是我们可以先分析（畅想）这个产品中哪些地方有可能应用到人工智能算法。

从短信、邮件、微信中读取信息，与人工智能无关，但读到的数据怎么处理，就有关了。通过 NLP 技术，可以根据用户与其好友或联系人的信息往来进行分类，这就省掉了用户自己手动设置"关系"了。这个技术具体叫文本分类，但是目前这项技术大家还无法做到真正语义上的理解，所以如果用户（如笔者）与好友或联系人（小明、韩梅梅、七舅老爷）之间交流的信息是大众化的，是 NLP 算法学习过的领域，那么 NLP 算法分类的成功概率比较大；但如果用户与其联系人之间的交流是很小众的，是 NLP 算法从未学习过的领域，如某个小圈子里的术语，则 NLP 算法成功分类的概率要小很多。这种技术的一项应用我们已经在实际生活中体验了很多年，这就是垃圾邮件分类。近几年的智能手机中也逐渐搭载了这项功能，就是自动为手机短信息分类，比如哪些是普通信息，哪些是通知信息（如扣款通知、验证码），哪些是广告信息等。

以上这些都是文本分类技术的应用场景。除此之外还有另一个应用场景，利用人工智能自动给七舅老爷打电话，模拟用户（如笔者）的声音给七舅老爷拜年。这个是可以做到的，只是需要一定规模的数据，这项技术就叫语音合成。

更多的功能和场景，欢迎到群里讨论。

## 3.8.4　开发环境与协作学习

从第 4 章开始，示例代码将主要运行在 Colab 上，如果需要在 MyBinder 上或本地环境运行代码，可以直接从本书的 GitHub 下载。以下是更详细的说明。

为了支持后续的学习 [4]，MyBinder 需要更久的启动时间，大约需要 3 分钟。而 Colab 大约需要 1 分钟。

运行部分示例时 MyBinder 需要的时间比 Colab 要更久。4.2.1 中的示例，MyBinder 运行大约需要 2 分钟时间（代码运行其实没有用多少时间，主要是 Cell 中显示图像耗费时间），而 Colab 需要半分钟左右。

为了呵护纯小白，本章所有的示例都是运行在 MyBinder 上。这是因为，MyBinder 免注册且好用；而 Colab 则需要注册 Google 账号才能使用。具体如何注册请读者自行研究，这不属于本书的讨论范围。

3.7 节中，我们感受到了 Notebook 比传统的 IDE 稍弱的地方，但是相比其在交流上的便捷性与对初学者的易用性上而言，这点不便还是可以接受的。

有的童鞋可能会说，没体会到什么交流的便捷呀。这主要是因为，童鞋们还没有使用 Notebook 进行交流。

即使如此，我们至少也体会到了一点，就是在浏览器中打开链接直接学习。而传统的学习方式是先按照书中所讲下载并安装 IDE，中间遇到书中没有讲到的问题，还要到网上

---

4　一些 Python 包的安装和 build docker 镜像、启动实例。这些知识不是纯小白需要掌握的要点。

搜索解决办法，然后是下载示例代码，示例代码的运行也可能遭遇各种问题。

等这些问题都解决完了，时间、精力、热情都消磨了不少。这就导致一个非常普遍的现象，某童鞋买了书，报了课，学习了一段时间，然后问这个童鞋有啥收获，不少回答是除了装了环境，也讲不出有啥收获。

而本书从设计之初就充分考虑了这个问题，准备了多种方案，AI 精研社自己运营的 Notebook 平台就是为这个目的搭建的。

以最简体验为原则，本章最终以 MyBinder 为示例平台，趁着大家的热情和兴趣高，把注意力和时间首先用于编程中最基础、最核心的语法上。

经过本章前 7 节的学习，每个人都可以很自信地说自己已经掌握了 Python 最基础、最核心的语法知识，掌握了 Notebook 的最基础操作。

既然已经用事实证明了我们可以掌握编程，那么下一步就可以考虑如何进一步提高我们的学习效率了。这就要说一下 MyBinder 不方便的地方了。

由于 MyBinder 不需要注册，也不提供注册，这就导致每次登录的时候无法区别谁是谁 [5]，所以我们不能直接在 MyBinder 上保存 Notebook。于是每次敲完代码并运行完成后，都需要将 Notebook 从 MyBinder 上下载到本地才能保存，偶尔还需要上传。有人可能会感觉有点麻烦，这时如果可以在线保存就更好了。如果有这样的想法，那么可以考虑在 Azure Notebook、Colab 或 Coursera 上继续后面的学习了。详细信息可以参考第 2 章中的相应章节与 2.8 节。如果再考虑到交流的便捷性，那么就只剩 Azure notebook 和 Colab 两个选项了。

对于打算自己本地搭建环境或者是已经搭建了环境的童鞋们，一定要养成使用 GitHub 的习惯。因为 Azure Notebook 和 Nolab 都提供了一键分享的功能，用户只需要把链接发给小伙伴就可以展示自己的代码，提出针对性的问题，参于讨论的其他童鞋也可以方便地看到问题的全貌。而自己在本地搭建环境的童鞋，则需要通过 Github 来展示自己的 Notebook。这点很重要，因此要再重复一遍。每位童鞋都应该把自己要想分享的心得或需要帮忙解答的问题的全貌展示出来，以方便其他参与者迅速了解讨论的关键点，而不是没有上下文展示，突然问一句，这样的问题过一两个月再回来看，通常提问者自己都不明白当时要表达的是什么意思。

Notebook 的设计思想体现了一个非常重要的价值观，即在不增加用户使用成本的前提下，最大限度地方便其他用户与该用户交流。Notebook 平台更进一步增强了这个便捷性。

基于以上这些基础，按照本书建议的方法，顺序进行学习，零基础的初学者便可以更高效、更轻松地完成学习。

---

5　更专业的说法是用户管理系统。

以上这些概括起来只有两个字，就是"复现"，具体含义我们将在第 4 章的末尾再聊。

# 3.9 习 题

## 3.9.1 基础部分

1. print 一个空行。

在不参考任何资料，不复制、粘贴、查看书中代码的前提下，从头编写智能通讯录。

2. 如何得到一个变量，使得 print 效果如图 3-42 所示？

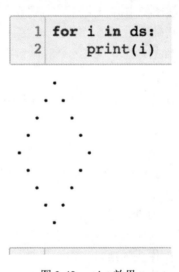

图 3-42 print 效果

## 3.9.2 扩展部分

1. 升级智能通讯录，实现更多的分组（不同阶段的同学或同事）与判断条件（性别、年龄），并发送相应的祝福信息。

2. print 一个比较大的 list。（提示：多大才算大呢？可以 10 倍地尝试，例如 1 千、1 万、10 万）

3. 我们已经学习过的 reserved keyword 有哪些？请通过代码去体验。

# 第 4 章　最简体验数字图像

　　这是一个刷脸的社会。刷脸登录 App、刷脸检票、刷脸支付……相信大家能举出更多的例子，听说有一些小区已经用上了刷脸门禁。即使不了解技术的童鞋也知道，这些应用背后是人工智能在起作用，更具体说，是人工智能在计算机视觉（Computer Vision，CV）领域中的应用。

　　CV 的任务是让计算机理解图像中的语义（后续章节会展开），因此处理的对象是数字图像。本章将带领大家从零基础开始，通过撸码，对数字图像相关的基础概念进行体验、理解。首先是最重要也是最基础的概念，像素（Pixel）。

## 4.1　最简体验像素

　　像素是构成计算机图像的最基本单元，这个词应该有不少人都听过。没听过？即使没听过像素这个词，那总该听过"分辨率"这个词吧。分辨率的高低直接影响了我们在手机、计算机屏幕上所看到的图像画质是否清晰、细腻、柔和[1]。

　　拍照已经是大家日常生活中的重要组成部分了。早上出门，天气好拍一张，表达一下心情；天气不好，也要拍一张，吐槽一下雾霾。晚上聚会，饭菜味道好不好无所谓，拍出美图是关键。拍照如此重要，摄像头的质量当然也很重要了。

　　衡量摄像头的其中一项技术指标也是分辨率。800 万、2000 万、5000 万，这些数字后面的单位都是像素。

　　视网膜屏（Retina Display）是苹果公司发明的营销术语，技术指标就是 300ppi，即每英寸屏幕上显示 300 个以上的像素点。那么一个像素究竟长什么样？计算机、手机等设备中又是如何处理像素的呢？我们先从一个示例开始。

### 4.1.1　嵌套使用列表

　　上一章的基础习题中的第 2 题不知道有多少童鞋做出来了？不管有没有做出来，主动独立思考的过程最重要。如果做出来了，那么下面的内容可以稍微加快速度；如果没有做出

---

1　画质是否清晰、细腻和柔和，由多个技术指标共同决定，分辨率不是唯一的指标，但限于篇幅和本书的目标，不再展开介绍。

来，请反复确认掌握了每节的要点后再继续学习；如果连想都没想过，请先去面壁一会儿。

在浏览器中访问以下 URL：

https://mybinder.org/v2/gh/MachineIntellect/DeepLearner/master?filepath=ai-401.ipynb

在微信公众号 AI 精研社中发送 ai401，可以获取该 URL。

Notebook 成功加载后如图 4-1 所示。

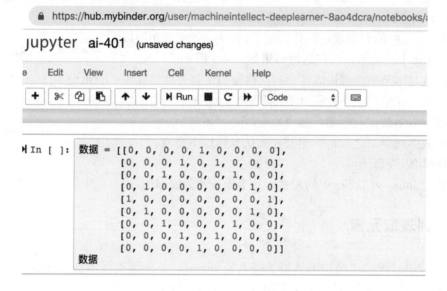

图 4-1　ai401 成功加载

运行该 Cell（示例 4-1），可以看到"数据"这个 list 变量中的值。直观地看，这是一个 9 行 9 列的列表，每行每列都是 1 或 0。

"数据"是一个 list 变量，但这个 list 与我们上一章学习的 list 有所不同。上一章我们使用的 list 中，每个元素要么是单独的一个变量（如手机号），要么是一个 dictionary（具体为一个联系人的各种信息）。而现在我们看到的 list，其元素仍然是一个 list。我们来查看其中的一个元素，代码与运行结果如图 4-2 所示。

```
In [2]: d = 数据[0]
        d
Out[2]: [0, 0, 0, 0, 1, 0, 0, 0, 0]
```

图 4-2　数据 [0]

示例 4-2 中"数据"是变量名，随后跟一对半角方括号"[]"。方括号中的数字 0，表示 index 为 0 的这一行。这一行是什么呢？有奖竞猜！

🔔**提示**：答案前面已经给出了！

回答正确，是 list。通过 index 取数据元素的操作称为 slicing，中文翻译为"切片"，笔者更喜欢"取元素"这个词或者干脆直接用 slicing。

示例 4-2 中 d 是"数据"这个 list 中 index 为 0 的元素，而 d 这个元素自身也是一个 list，其实也就是我们前面所说的 9 行 9 列中的第 1 行。list 中的元素仍然是 list，这种用法称为 list 的嵌套。

d 这个 list 中的元素就是具体的值了。示例 4-3 中 d[0] 可以取这个子 list 中的元素，代码运行结果如图 4-3 所示。

以上就是本节的全部内容了，初次接触的童鞋可能需要时间和更多练习来消化一下，所以千万不要着急进入下一节的学习。大家可以多尝试几个值，如"数据[3]""d[5]"。

休息或继续学习之前，一定要先确认掌握以下要点：

- list 可以嵌套使用[2]；
- 通过 index 可取 list 中的元素，这个操作称为 slicing。

```
In [3]: d[0]

Out[3]: 0
```

图 4-3　d[0]

## 4.1.2　列表取元素

上一节中，我们已经初步体验了列表的 slicing，不知道有没有童鞋尝试"数据[3]""d[5]"这些玩法，甚至回到上一章中，尝试 teachers[1]。

为了达到最简体验的效果，我们定义一组新的 list（示例 4-4），代码与运行结果如图 4-4 所示。

```
In [1]: a = [0,1,2]
        a

Out[1]: [0, 1, 2]

In [2]: b = [7,8,9]
        b

Out[2]: [7, 8, 9]
```

图 4-4　新定义两个 list

示例 4-4 中，我们定义了两个 list 变量 a 与 b，每个变量中有 3 个元素。

---

2　嵌套的英文是 nest，嵌套列表是 nested list。

由于 list 的 index 是从 0 开始计数的，a 的最后一个元素是 a[2]，b 的最后一个元素是 b[2]，请看示例 4-5，代码运行结果如图 4-5 所示。

这时如果尝试更大的值，则会报错。对于非技术人员，遇到报错时通常不会仔细看报错信息，而我们已经是准码农了，所以要学习看懂报错信息。请看示例 4-6，代码与运行结果如图 4-6 所示。

```
In [3]:   a[2]
Out[3]:   2

In [4]:   b[2]
Out[4]:   9
```

图 4-5　最后一个元素

由于 b 中只有 3 个元素，对应的 index 为 0,1,2，并没有 index 为 3 的元素，因此 Python 的错误信息是 list index out of range，意思就是 "index 最大的元素是 2，我上哪去给你找 3"。这也是有关码农的段子中经常用到的一个梗，即数组越界。数组这个词不是本节的要点，后面会详细讲解，如果不明白，可以请略过。

前面都是取一个元素，或者直接输出列表，即列表中的所有元素。如果只需要取其中一部分呢？请看示例 4-7，代码与运行结果如图 4-7 所示。

```
In [5]:   b[3]

-------------------------------------------------
IndexError                               Traceba
<ipython-input-5-f1ec67acb3ef> in <module>()
----> 1 b[3]

IndexError: list index out of range
```

图 4-6　报错信息

在之前取单个元素的基础上，加一个半角冒号和一个数字，就构成了取部分元素的 slicing。而结果就是这个列表中 index 为 0 和 1 的元素，即前两个元素。

这种 slicing 的规则是左闭右开，以 0:2 为例，表示取 index 从 0 到 2 的元素，包含左（0）不包含右（2）。"左闭右开"是数学中的概念，即使以前没学习过，现在也有基本体验了。大家目前掌握到这个程度就可以了。

```
In [7]:   a[0:2]
Out[7]:   [0, 1]
```

图 4-7　取部分元素

slicing 有很多种 "玩" 法，而且是我们后续学习的重要基础，但是不要急，我们会从最简体验，逐步加深理解。目前掌握以下要点即可：

- 如果取元素时，指定的 index 超过了列表中元素的最大 index，会报错 index out of range；

- 左闭右开的意思是包含左，不包含右；
- 通过冒号可以取一部分连续的元素。

确认掌握这些要点后，如果觉得刚刚有些烧脑，那一定先休息好，再进入下一节的学习哦。

## 4.1.3　嵌套使用遍历

前面我们学习了 list 的嵌套使用。不仅 list 可以嵌套，遍历也可以。我们先从简单的开始。请看示例 4-8，代码与运行结果如图 4-8 所示。

```
In [2]:  a = [0,1,2]
         b = [7,8,9]
         c = [a,b]
         c

Out[2]:  [[0, 1, 2], [7, 8, 9]]
```

图 4-8　定义一个嵌套 list

刚刚我们定义了一个嵌套 list，并输出这个 list 中的全部元素。而这个 list 中的元素，就是上一节示例 4-4 中的两个 list。

我们先回顾一下上一章中学习过的循环。请看示例 4-9，代码与运行结果如图 4-9 所示。

由于我们即将使用嵌套遍历，因此之前的遍历称为单层遍历，以示区分。

从输出的结果中可以看到是两个 list。结果有两行，每行有一对方括号。

有了上述基础，就可以嵌套使用遍历了，请看示例 4-10，代码与运行结果如图 4-10 所示。

```
1  for i in c:
2      for j in i:
3          print(j)

0
1
2
7
8
9
```

```
1  for i in c:
2      print(i)

[0, 1, 2]
[7, 8, 9]
```

图 4-9　单层遍历

图 4-10　嵌套遍历

示例 4-10 只有 3 行代码，而且第 1 行（称为外层遍历）与第 3 行都是"老熟人"，所以关键在第 2 行（称为内层遍历）。而第 2 行中的 i 我们前面刚刚体验过，就是[0, 1, 2] 和 [7, 8, 9]。

外层遍历执行了 2 次，第 1 次取出 c[0]，即[0, 1, 2]，第 2 次取到 c[1]，即[7, 8, 9]。

外层遍历第 1 次取到[0, 1, 2]这个 list 时，内层遍历对这个 list 中的每个元素进行遍历，并 print 出来，得到"0, 1, 2"这 3 行输出。

外层遍历第 2 次取到[7, 8, 9]这个 list 时，内层遍历的输出为"7, 8, 9"这 3 行。

为了加深体会，我们再运行一遍，但是这次要加一行代码，让外层遍历取到元素后 print 一个空行。

有奖竞猜，如何 print 一个空行？非常好！大家都答对了！

```
print('')
```

两个连续的半角单引号''，表示空字符串，简称空串，我们稍后还会用到，不要忘得太快哦！请看示例 4-11，加了空行的代码与运行结果如图 4-11 所示。

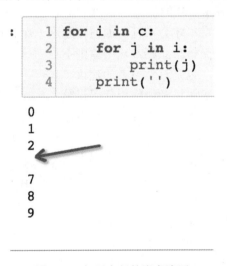

图 4-11　加了空行的嵌套遍历

图 4-11 中箭头所示位置就是刚刚增加的空行。

有一点需要注意，就是 print('')这行代码是与内层遍历的 for 对齐的。这点很关键，这是我们第三次强调缩进的重要性了，重要的事情真的说了三遍了哦。

本节学习起来应该比较轻松，要点是理清内外遍历的执行顺序与缩进。大家确认这两个要点真的掌握了，而且代码也都是亲手敲完跑通的，那么就可以进入下一节的学习了。

### 4.1.4　print 进阶

前面几节带领童鞋们对 list 和遍历语法的学习都提高了"段位"，现在终于轮到 print

技能进阶了。还是先回顾上一章的 print 基础用法，如图 4-12 所示。

示例 4-12 中有两行 print 语句，因此输出是两行，即 a 与 b。这是我们已经很熟悉的操作了。但是，如果想要让两个 print 的输出合在一行中，该怎么做呢？

这就需要用到一个新知识。请看示例 4-13，先看效果，代码与运行结果如图 4-13 所示。

```
1  print('a')
2  print('b')
```
```
a
b
```

图 4-12　print

```
1  print('a',end='')
2  print('b',end='')
```
```
ab
```

图 4-13　print 方法 end 参数

end 称为 print 方法的参数。

示例 4-13 中 end=''，表示 end 的值是空串 ''。含义是，在遇到空串之前，print 出的内容都会在一行内，直到遇到空串才会换行。如何体验这一点呢？

本书倡导与示范的是最简体验原则，这个原则不仅仅是对教学设计者的建议，也是对学习者的建议，即在学习一个新知识点时，应该思考如何用代码最简体验这个知识点，这就如同物理或化学课上我们自己设计实验一样。

一时间想不到没关系，重要的是主动独立思考的过程。主动独立思考过了，再来看答案。代码与运行结果如图 4-14 所示。

示例 4-14 的输出，符合我们上面的解释。童鞋们需要自己设计类似的实验，来检验自己是否理解了本节的要点，即 end 参数的作用。

```
1  print('a',end='')
2  print('b',end='')
3  print('')
4  print('a',end='')
5  print('b',end='')
```
```
ab
ab
```

图 4-14　遇到空串换行

## 4.1.5　数值

前面讲了这么多，目的是为了使用"数据"这个 list。现在准备的差不多了，可以逐步使用"数据"了。

大家回忆一下上一章掌握的语法，本章还没有用到的是哪些？有奖竞猜哦！

有的童鞋只答对了一部分，也给加分，但是不能领走奖品。

终于有童鞋回答完整了，是 dictionary 和 if。本章暂时没有 dictionary 的戏份。

我们来看一下示例 4-15 中如何通过 if 来使用"数据"这个 list，代码与运行结果如图 4-15 所示。

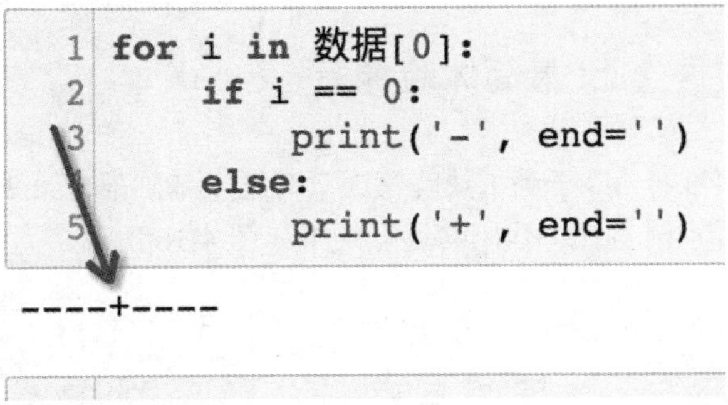

```
1  for i in 数据[0]:
2      if i == 0:
3          print('-', end='')
       else:
5          print('+', end='')

----+----
```

图 4-15　通过 if 来使用"数据"

图 4-15 中箭头所示的位置是一个半角加号"+"，其余部分是半角减号"-"。

If 的作用是判断的"数据[0]"这个 list 中的每个值是否等于整数 0。如果是，则 print 减号；如果不是，则 print 加号。这样，就将一个 list 中的 0、1 数值转换成了一组有规律的字符。

刚刚提到了两个新的词，不知道童鞋们有没有注意到？

回答正确！是整数和数值。

整数这个概念无须解释。数值这个概念，需要稍微说明一下，整数（0、1）、小数（0.5、0.1）都属于数值，这个概念与字符相对。为什么要说数值呢？因为我们在第 3 章没有操作过数值这种类型，操作的都是字符。

有的童鞋说："不对呀，手机号都是数字啊！"

"手机号都是数字"，这没错。但是在第 3 章中，我们并没有把手机号当作数值来操作，而是当作字符串来使用。那么，什么是数值操作呢？其实很简单，就是加、减、乘、除和平方等数学运算。

这样说来，把手机号当作字符串来使用，而不是当作数值来操作就很合理了，对手机号进行平方完全没意义嘛。

为什么要讲数值？因为我们的大目标是学习人工智能算法，而人工智能算法中操作的主要就是数值，而不是字符串。那我们上一章难道白学了？并没有！

首先，我们上一章掌握的是最基础、最核心的语法，是后续学习的基础，如果不懂遍历和分支，那么后面的代码基本是看不懂几行的。

其次，上一章以字符串操作为主，是因为这样更容易理解，更容易建立直观感受。有关数值的知识，我们稍后会继续讨论。现在到了要做总结的时候了，本节要点如下：

- 整数（0、1）、小数（0.5、0.1）都属于数值；
- 通过 if 将数值转换成字符。

确认上述要点和示例都已经掌握了之后，就可以好好休息一下了。

## 4.1.6　使用"数据"list 最简体验像素

前面做了这么多准备，终于到了揭晓第 3 章习题中基础部分第 2 题答案的时候了。先看效果再解释。请看示例 4-16，代码与运行结果如图 4-16 所示。

```
1  for 行 in 数据:
2      for 列 in 行:
3          if 列 == 0:
4              print('_', end='')
5          else:
6              print('+', end='')
7      print('')
```

```
____+____
___+_+___
__+___+__
_+_____+_
+_____+
_+_____+_
__+___+__
___+_+___
____+____
```

图 4-16　第 3 章习题中基础部分第 2 题提示

🔔提示：示例 4-16 中的"数据"变量来自示例 4-1。

即使眼神跟我一样不好的童鞋也能看出来这是个菱形了。如果看不出来，赶紧配个眼镜哦。

有的童鞋会说：这跟当时给的效果不一样呀！

想要达到第 3 章习题中基础部分第 2 题的效果很简单，只需要改代码中的两个字符即可。

童鞋们思考一下改哪两个字符，然后我们一起分析一下这段代码（示例 4-16）。这段代码一共 7 行，每行都是老朋友了。

第 1 行是外层遍历，控制程序每次从"数据"中读 1 行数据，一共执行 9 次，第 1 次执行时，取到的是"数据[0]"。

第 2 行是内层遍历，对外层遍历取到的值进行遍历，当外层取到"数据[0]"时，第 2 行到第 6 行恰好是上一节的示例 4-15。能感受到作者团队的"套路"和用心了吧，此处应有掌声和点赞，礼物刷的飞起！

第 7 行，用于控制程序换行，一时间反应不过来的人，赶紧回顾一下 4.1.4 节。

简单的分析完成，童鞋们的思考也应该有结果了。

有童鞋已经给出答案了，喜提大奖。要达到第 3 章习题中基础部分第 2 题的效果，请看示例 4-17，需要将示例 4-16 中的'_'改为' '。注意，这不是空串，而是一对半角引号包含的一个空格；然后将'+'改为'.'，即一个半角句号（半角的）。代码与运行结果如图 4-17 所示。

```python
for 行 in 数据:
    for 列 in 行:
        if 列 == 0:
            print(' ', end='')
        else:
            print('.', end='')
    print('')
```

图 4-17　第 3 章习题中基础部分第 2 题答案

🔔注意：前三行每行的末尾都是半角冒号，不要因为输入中文而忘记切换哦！

　　之所以要用加号和减号过渡一下，是因为如果直接用空格的话，在图书这类载体上，讲述和理解都会降低效率。一些显示效果的演示，视频比图书可能会更有效率，这也是本书的第一个视频 Cell 的设计含义。

　　又有同学提问了：这小节的标题是体验像素，这个示例 4-17 跟像素有什么关系呢？

　　非常好！童鞋们提的问题越来越能问到要点了！

　　这个示例 4-17 中的半角句号 '.' 和半角空格 ' ' 都可以看作是一个像素。每个半角句号 '.' 代表一个发光（马上解释）的像素；每个半角空格 ' ' 代表一个不发光的像素。这就像我们平时看到的数字交通信号灯，一组排成行列的灯，通过不同的灯同时点亮，组成不同的数字，如图 4-18 所示。

　　不仅是数字，还可以组成更复杂的图形，表情包也是可以有的。类似的还有 LED 广告牌，如图 4-19 所示。

　　以上的应用其原理都是用多个发光的点阵，在控制信号的作用下，以各种组合发光，从而构成数字、字母甚至更复杂的图形。

图 4-18　数字交通信号灯

图 4-19　LED 广告牌

那么问题来了，这些是电脑上的像素吗？

并不是。但是原理是一样的，只是电脑、手机上的像素要比这些小得多。换一个更专业的说法，就是每英寸中的像素数量（即密度）不同。

还记得本章开篇时讲的一个技术指标吗？视网膜屏（Retina Display）是苹果公司发明的营销术语，使用的指标是 ppi。这个值是多少？

有的童鞋立即翻书，这显然不是果粉呀！别翻了，已经有人抢答正确了，是 300ppi。即每英寸屏幕上可以显示 300 个以上的像素点。而刚刚举例的信号灯、广告牌每英寸上显示几个像素点，有兴趣的童鞋可以自己量一下。

虽然我们示例 4-17 中的分辨率只有 9×9，但是已经清楚地说明了像素的原理[3]。

有了上述基础，我们就可以体验计算机和手机上的像素了。在此之前要做什么？非常好！每个童鞋都回答正确了，就是总结要点。

- 完整的示例代码，每处细节都要掌握哦；
- 通过控制像素组合显示图形的原理。

确认上面的要点都掌握了，就可以进入下一节的学习了。记得保存好代码哦。

# 4.2　最简体验代码画图

CV 研究的对象是图像[4]，但是我们在第 2 章的示例中体验了视频 Cell 之后，就再没有有接触图像了。这是因为，我们只有掌握了前面的基础语法知识才能用 Python 代码操作图像。

---

3　这里仅仅是黑白像素（灰度），1 个像素点包含 1 个通道（后文详细讲解）；而当前的计算机、手机屏幕上显示的是彩色图像，1 个像素点由多种颜色（如 RGB）构成，即 1 个像素点包含多个通道。

4　更准确的说是数字图像。

有的童鞋立即就想到一个问题：操作图像是什么意思呢？是打开一张图片吗？

非常好！本书的另一个小目标是培养童鞋们的学习习惯，而不懂立即提问是一个非常好的习惯。不要在最基础、最核心的知识上留任何盲点，这样才能确保后续的学习可以顺利进行。

那么，操作图像是什么意思呢？最简单的操作是打开一张图片，除此之外，还可以对这张图进行放大、缩小，以及进行元素级的操作，如提取修改其中的部分元素。这样的操作会有什么效果，又有什么实际用途呢？我们一起来体验一下。

## 4.2.1　最简体验图像操作

基于本地环境学习的同学，需要运行以下命令，安装相应的 Python 包：

```
pip install pillow
```

接受建议使用 Notebook 平台的童鞋，可通过浏览器访问以下 URL：

https://colab.research.google.com/github/MachineIntellect/DeepLearner/blob/master/ai-421
.ipynb

也可以在微信公众号"AI 精研社"中发送 ai421 可以获取该 URL。

从现在开始，平台是 Colab，还没有使用过 Colab 的童鞋可以参考本书 2.3 节。Colab 上加载示例代码成功后，效果如图 4-20 所示。

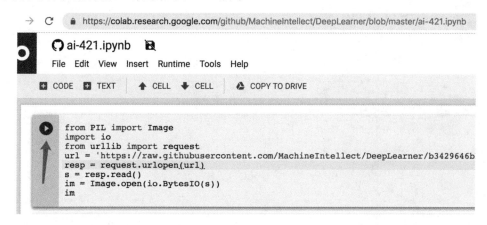

图 4-20　Colab 加载示例代码

单击图 4-20 中箭头所示的"运行"按钮，会弹出 Warning 对话框，如果对此还不熟悉的童鞋请参考 4.6 节。

这张图（图 4-21）是小坏手绘的，所以版权所有者是小坏童鞋哦。本书的读者们可以使用这张图用于学习，如果是商业用途，需要获得小坏的书面授权哦。

图 4-21 貌似有点大，看完效果就可以清掉了，单击图 4-21 中箭头所示的按钮（名为 Clear Output），可以清空输出，如图 4-22 所示。

图 4-21　Colab 运行示例代码结果

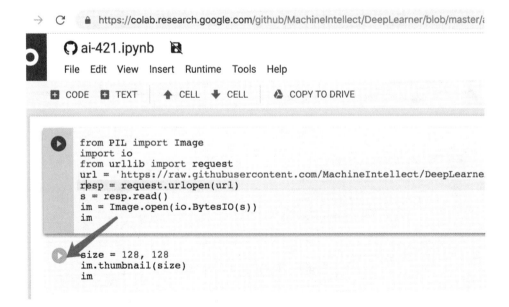

图 4-22　清空输出

　　示例中的图有点大，会影响我们阅读代码。除了清空以外，还可以将这个图缩小。单击图 4-22 中箭头所示的位置（即第 2 个 Cell 的运行按钮），可以缩小图像并显示，效果如图 4-23 所示。

图 4-23　缩小图像并显示

有童鞋提问了：刚刚节奏有点不对呀？连续看了效果，代码一点都没解释呀。

非常好！有问题就应该第一时间提出来。

我们从第 3 章正式学习 Python 语法开始，都是每个示例、每行代码、每个字符地清楚讲解，而前面的示例 4-23 只是看了效果，并没有讲解。这是因为这不是本章的要点，笔者仅仅是带领童鞋们一起体验一下操作图像是什么含义。而本章的要点是通过亲手画图，来掌握相关的代码和图像操作中最基本、最核心的概念。

那本节的内容随便看下就行了呗？No！本节也是有要点的，总结如下：

- Colab 加载 Notebook；
- Colab 上运行 Cell；
- 在线保存 Notebook。

确认以上要点都掌握了，就可以直接进入下一节的学习了。

"这次怎么都不给休息的时间？"

"点了 6 下鼠标，看了一幅小朋友的涂鸦，亲，你好意思说学累了，要休息吗？"

## 4.2.2　最简体验 plot

不知道大家喜不喜欢看动画片，笔者是比较喜欢看的，而且还总结出了一个规律，就是里面的人物在使用技能时，都会把技能的名字大声喊出来，比如螺旋丸、写轮眼、龟派气功波（暴露年龄了？）……

基于这个规律，在写代码时也要把用到的技能大声地喊出来。哦，不对，是敲出来。

以下这行代码（示例 4-24）如图 4-24 所示，我们现阶段可以简单地理解为，大声地告诉系统：哥（或姐）要画图啦，都给我准备好！

```
%pylab inline
```

**Populating the interactive namespace from numpy and matplotlib**

图 4-24　画图之前的准备

每次新建 Notebook 或重新打开 Notebook，运行画图代码之前都要先运行这行命令。因为是简单理解，所以这行代码大家可以直接复制、粘贴，暂时不要求手敲。

不知道大家是不是还记得老师教过我们的几何知识？忘记了也没关系，我们简单地回顾一下，最基础的知识只有三个字：点、线、面。

好了，几何知识的回顾完成了，下面要写代码了。

下面我们要通过代码来画图。最简单的图，当然就是在一个平面上画一个点，画这个动作，用英语说就是 plot。二维平面通常用直角坐标系来表示[5]，$x$ 轴表示横坐标，$y$ 轴表示纵坐标，如 (1,1) 或 (0,1)。所以我们在画这个点时，需要告诉 Python 这个点的具体坐标。

有了以上基础，就可以写代码了。请看示例 4-25，其代码及运行结果如图 4-25 所示。

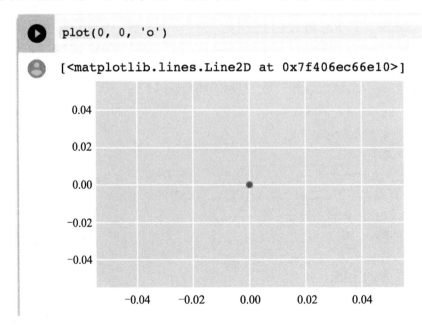

图 4-25　在直角坐标系中 plot 一个点

---

5　还有其他的表示法，如极坐标。

示例 4-25 中的代码分为两部分，一部分是 plot 与一对圆括号，是用于画图的方法；另一部分是 3 个参数。参数这个词在 4.1.4 节中使用过，还记得是哪个知识点吗？将答案发送给助教，有机会领取奖品哦。

3 个参数之间由 2 个逗号间隔，前两个参数是 0，对应的分别是平面中的横纵坐标；第 3 个参数是一个字符 'o'，小写的英语字母 o，表示图中的蓝色实心圆。

有童鞋提问了：中间的那个东东是实心圆吗？看着就是一个小圆点呢。

这个问题很有意义，一个圆缩小到一定程度看起来就是一个点，一个点放大后，就是一个圆。那么问题来了，如何放大这个点的 size 呢？答案就是 size。

请看示例 4-26，其代码及运行结果如图 4-26 所示。

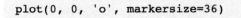

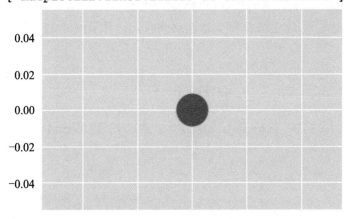

图 4-26 放大这个点的 size

像笔者这样年纪大、眼神不好的码农，通常会把要看的东西放大几号。markersize 就是用来干这个的，marker 是标记的意思，size 是大小的意思。marker 指的就是这个圆点，而 markersize 就是这个圆点的大小，这个参数名容易理解又好记，合格的码农都是这样给变量、方法和参数命名的。

在结束本节内容之前，还有两点需要说明：

- (0,0) 这个位置是举例时给的参数值，童鞋们可以自行发挥，体验一下其他的值，比如 (1,1) 或者 (0,1)；
- markersize 也是示例 4-26 中的值，童鞋们一定要自行尝试其他的值，通过体验来理解和掌握 plot 的基本用法；

然后就到了总结要点的时刻了。

- plot 是用于画图的方法[6]，想要画一个点，这个方法至少需要 3 个参数；
- plot 方法还提供了 markersize 参数，用于设置点的大小；
- 每次新建 Notebook 或重新打开 Notebook，运行画图代码之前都要先运行以下这行命令：

```
%pylab inline
```

确认掌握上述要点后，能随时闭着眼熟练敲出示例 4-26 中的代码（只有 13 个字符，有啥理由不能熟练掌握呢），就可以休息或进入下一节的学习了。

## 4.2.3　最简体验 marker

有的童鞋休息时也不忘思考，于是提了一个问题："marker 翻译成中文是标记。既然是标记，就应该不仅仅只有圆这一种，那么还有没有其他样式的标记呢？"这样爱学习、爱思考必须要鼓励一下，联系助教可以获取神秘礼品哦！

那么，有没有其他样式的 marker 呢？这个必须有。请看示例 4-27，其代码与运行结果如图 4-27 所示。

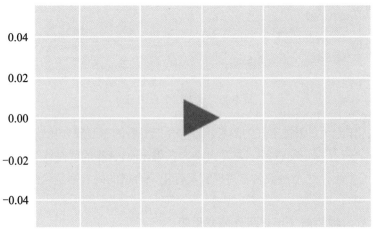

图 4-27　其他样式的 marker

示例 4-27 中的代码与上一节只有一个字符的区别，即将小写的"o"改成了右尖括号

---

6　根据官方文档，plot 是一个 function，而不是 method。而 function 与 method 的概念涉及面向对象等编程范式，限于篇幅和本书的目标，不再展开。对此感兴趣的读者可以通过 https://en.wikipedia.org/ wiki/Programming_paradigm 了解相关信息。

"＞"，而这个参数的名字就是 marker，只是我们前面使用中一直省略了。

加上这个参数的名字，再换个样式，请看示例 4-28，其代码与运行结果如图 4-28 所示。

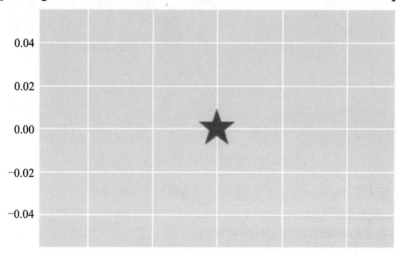

图 4-28　显式指定的 marker 参数

前面的示例 4-25 中没有给出 marker 这个参数名，仅给出了第 3 个参数的值就可以运行得到结果，这是因为参数的顺序符合 plot 方法的要求[7]。

但是随着参数的增多，我们很容易记错参数的顺序，这样程序就容易出错。这时就需要显式指定参数的值，即同时给出参数名和值，这种方式叫做 named arguments。这样即使顺序变了，结果依然是正确的。

简单总结，使用 Python 方法时，可以带参数的名字，也可以不带参数的名字；不带参数名字时，参数的顺序要严格符合这个方法的要求；带参数名字时，参数顺序可以不一样。

请看示例 4-29，其代码与运行结果如图 4-29 所示。

我们将 markersize 与 marker 这两个参数的顺序互换了，但是结果依然正确，而且顺便体验了新的 marker 样式。

---

7　所谓 plot() 方法的要求，其实本质是 Python 方法或函数的定义，即一个 Python 方法在定义时设定的参数数量、顺序、参数名、默认值、类型及其他具体的定义。传参时，根据是否列出参数名，通常分为两种传参方式：参数名（keyword argument 或 named argument）与位置（positional argument）。示例 4-25～4-27 中的 marker 参数都是通过 positional argument 这种方式指定的；示例 4-28 中的 marker 参数则是 named argument 方式。

```
plt.plot(0, 0, markersize=36, marker='<')
```

[<matplotlib.lines.Line2D at 0x7f2d7351a7b8>]

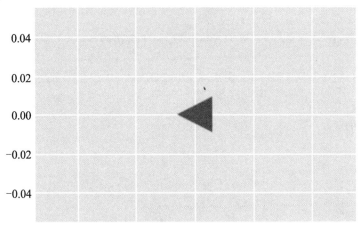

图 4-29　参数顺序变了，结果依然正确

想要了解有关 marker 的更多信息，可以访问以下 URL：

https://matplotlib.org/api/markers_api.html

这个也是我们使用的画图工具的官网哦。

本节是不是非常轻松？不要因为轻松就忘记总结了，要点如下：

- 通过参数 marker，可以设置 plot 出来的样式。
- 因为 Python 支持 named arguments，因此在使用 Python 方法（如 plot()方法）时，可以带参数的名字，也可以不带参数的名字；不带参数名字时，参数的顺序要严格符合这个方法（如 plot()方法）的要求；带参数名字时，顺序可以不一样。
- "指定一个方法中参数的值"，这么说太啰嗦了，还是简化成两个字吧：传参，对应的英文是 pass Arguments。
- "使用 plot()方法"更专业的说法是"调用 plot()方法"，区别在于一个"调"字，对应的英文是 Call。
- 在提及一个 Python 方法时，通常是方法名()，如 plot()，即方法名后面跟着一对半角圆括号，这样只看名字就可以区分是方法名（带括号）还是变量名（不带括号）了。

好了，根据需要保存好代码就可以自由活动了，下节课再见！

## 4.2.4　更多 marker 属性

上一节我们已经体验了 marker 的样式和大小。样式、大小就是 marker 的属性[8]。

---

8　属性这个词有更多的含义，目前我们理解到要点中的程度就够用了。

　　那么问题来了，marker 是否还有其他的属性呢？或者说，一个实心圆除了上述这些属性还可能有哪些其他属性呢？

　　最简单的就是各种颜色了。首先是 marker 的颜色，请看示例 4-30，其代码与运行结果如图 4-30 所示。

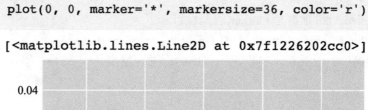

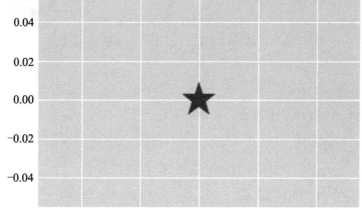

图 4-30　marker 的颜色

　　颜色的英文是 color，因此 plot()方法中，设置 marker 颜色的参数名就是 color，r 表示红色。这些名称简单直接，所以纯粹的码农都是"钢铁直男"。

　　除了设置 marker 本身，还可以设置 marker 的边。请看示例 4-31，其代码与运行结果如图 4-31 所示。

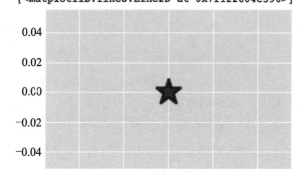

图 4-31　marker 的边

这次一下增加了两个参数，但是不要慌，仔细看一下就会发现，非常简单。把两个参数中的 marker 去掉，然后拆开看就是 edge color 和 edge width。

英文不好的同学，找个翻译软件，分分钟就能明白这两个参数是指 marker 的边（edge）的颜色（color）和宽度（width），而参数的值 'b' 就是 blue（蓝色）喽。

童鞋们一定要自己尝试修改不同的值来进一步体验，从而更好地理解和掌握以下要点：

- 样式、size、color 都是 marker 的属性；
- edge color 与 edge width 结合使用可以设置 marker 的边。

是不是很简单？没关系，我们下一节中将会增加难度。

# 4.3 点 与 线

小学时老师曾教过我们，学习点，是为了画直线，但是直线是无限延伸的，所以通常我们在纸上先画 2 个点和 1 个线段，再让这条线段延长来表示直线。

同样的道理，给 plot() 方法 2 个点的坐标，plot() 方法就可以为我们画出一条线了。所以我们先来画两个点。

## 4.3.1 两点之间，线段最短

4.2.2 节中鼓励童鞋们尝试用不同的坐标来 plot 一个点，不知道有多少童鞋动手练习了？动手能力是码农的基本素养，所以童鞋们一定不可以手懒哦。没有练习过的童鞋，先练习一下。请看示例 4-32，再来看如图 4-32 所示的代码与运行结果。

注意看两个箭头所示的位置，分别是两个点的横坐标，而纵坐标都为 0.00。

我们再回忆一下，以数学的方式，如何表示这两个点呢？

有童鞋已经抢答了。没有抢答的童鞋是因为觉得问题太简单，不想回答吗？如果是这样，那就没问题了，但如果是走神了，可以联系下助教，找找原因。

答案提示：是这样的形式(x1,y1) 和 (x2,y2)。把答案发给助教，前 10 名回答正确的都有奖励哦。

现在，我们换一种方式：

```
[x1,x2] [y1,y2]
```

即，将横坐标放在一起，组成一个 list，把纵坐标放在一起，组成另一个 list。为什么这样写？稍后解释。下面请看示例 4-33，其代码与运行结果如图 4-33 所示。

观察图中箭头所示的位置，再与前一个图进行比较就会发现，刚好是将两个点连成了一条线[9]。

---

9　更严谨地说，应该是线段。

但是美中不足的是，只看到了线，没看到点。我们可是完美星人，怎么能留下小遗憾呢！

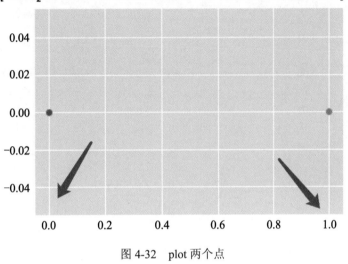

图 4-32　plot 两个点

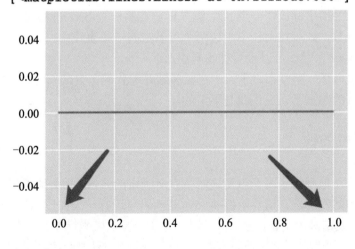

图 4-33　plot 一条线

解决方法：我们前面已经掌握了，就是 marker 这个参数。请看示例 4-34，其代码与运行结果如图 4-34 所示。

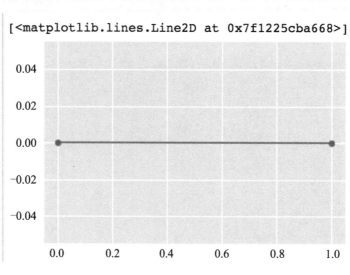

图 4-34　加了端点的线

大功告成!

本节中先画了 2 个点,再将这 2 个点连成一条线,再为这条线加上两 2 个端点。使用的始终是 plot()方法,而且每个示例之间的差别都是一个需要掌握的新知识点,即要点,总结如下:

- 可以通过重复 plot(横坐标,纵坐标,'o')来画多个点。
- 将两个点的横坐标放在一个 list,纵坐标放在另一个 list,再将这两个 list 作为 plot()方法的参数,就可以画一条由这两个点确定的一条直线。
- 使用 marker 参数,可以设置直线的端点。

在休息或进入下一节学习之前,一定要多敲几遍代码,尝试不同的值,仅仅照着书敲一遍就说自己真的掌握了,反正我是不信的。

## 4.3.2　画更多的线

我们已经成功地画出了两个点及这两个点所确定的线段。那么能不能再多画一条线来组成折线呢?当然没问题,请看示例 4-35,其代码与运行结果如图 4-35 所示。

3 个点与折线都画出来了,也就可以解释为什么要把横坐标作为一个 list,再把纵坐标作为另一个 list。因为这样做,不管有多少个点,plot()方法都只需要处理 2 个参数,即 $x$ 组和 $y$ 组,这样不仅 plot()工作起来简单,我们撸码时也同样方便。

但是有的童鞋可能一时之间还不习惯,甚至有可能搞混。没关系,我们换一种写法,请看示例 4-36,其代码与运行结果如图 4-36 所示。

```
plot([0,1,1], [0,0,1], marker='o')
```

```
[<matplotlib.lines.Line2D at 0x7f1225c94940>]
```

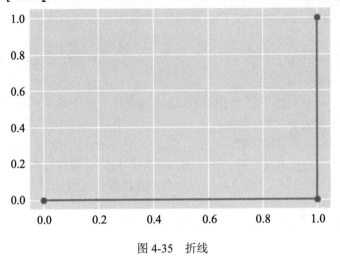

图 4-35　折线

```
x = [1,1,0]
y = [0,1,0]
plt.plot(x,y, marker='o')
```

```
[<matplotlib.lines.Line2D at 0x7f1225bf7358>]
```

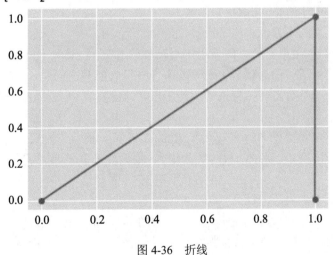

图 4-36　折线

我们竖着看 $x$、$y$，是不是就习惯连了？

有的童鞋还是不习惯，那么有没有别的方法，能让我们按一个点一个点的坐标去写，然后再用一种方法，把每个点的横坐标提取出来放在一个组里，然后把每个点的纵坐标也提取出来放在另一个组里？

还真的有这种方法！不过要到下一章才会讲到。下一章的知识放到下一章再讨论，我们先掌握好目前的要点，总结如下：

- plot()方法的前两个参数分别表示横坐标与纵坐标，这两个参数不仅可以传单个变量，如 1、0 这样的数值，还可以传 [0,1,1] 这样的 list。
- 只需要确保两个 list 中相同 index 元素的值是同一个点的横坐标和纵坐标，plot()方法就可以为我们画出点或线。
- 将横坐标和纵坐标上的两个 list 放在连续的两行代码中定义、赋值，竖着看就是这个点的横坐标和纵坐标。

我们对 plot()的使用已经比较深入了，所以一定要仔细消化，在运行代码之前预先判断通过 plot()方法将会画出什么样的图，然后再运行代码检验自己的判断。多尝试不同的值，每次运行的结果都与自己的预判一致的话，就是真的掌握了。

### 4.3.3　点与线：最简体验面向对象

上一节末尾的要点总结中，有以下这么一句话，不知道是否引起了童鞋们的思考？

"plot()方法可以为我们画出点或线。"

这句总结的含义简单、直接，就是说 plot()这个方法既可以画点，也可以画线。既然都说了是简单又直接的总结，那还有什么值得思考的呢？

当然有，那就是为什么要把 plot()方法设计成这样呢？为什么不设计两个方法，如 plot_point 用来画点，而 plot_line 用来画线？

答案很简单：因为不方便。

使用一个 plot()方法更方便，而使用两个单独的 plot_point 和 plot_line 则相对不方便。这也符合我们日常生活中的习惯，如果可以用一个工具能解决问题，为什么要用两个呢？

试想这个场景：小明需要随身携带两部手机，一部安卓和一部 iPhone，还要带着充电宝为手机充电。

如果有一根充电线可以同时充安卓和 iPhone 手机，而且安全又可靠，那么小明是愿意带一根这样的线出门，还是带两根传统的线（一根只能充安卓手机，另一根只能充 iPhone 手机）？

答案显然是一根。人心向简。

更多的场景举例欢迎童鞋们到群里交流。现在再回到 plot()方法的讨论上。

在编程实践中，将相同或相似的概念合并成一种类型，这就是面向对象编程思想中的一个要点。

点与线有哪些共性呢？都有横坐标、纵坐标、颜色及其他共同的属性，因此将这两个概念视为一种类型就非常合理。那么问题来了，这种类型叫什么名字呢？

有奖竞猜的时刻到了，提示一下，答案就在每个 plot()示例的运行结果中。这是送分题，妥妥的。

有不少童鞋答对了，是 matplotlib.lines.Line2D，如图 4-37 所示。

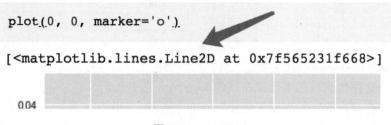

图 4-37　Line2D

这是我们第一个 plot()示例，图 4-37 中箭头所示就是这个类型的名字。也是每次运行 plot()示例代码时，都会输出的一行[10]，我们一直留到这里才解释，是因为先体验了多个点和线的示例，再来总结抽象，更符合本书倡导的最简体验原则。大部分编程中的抽象概念，一定可以找到办法让小白用户简单体验。

先大量体验再总结、抽象，可以帮助初学者学得更轻松，理解得更透彻。

有童鞋举手提问了："名字太长了，不好记"。

好办，先简化成 Line2D，再解释，就是二维（2D）平面中的线，恰好呼应 4.2.2 节中的点、线、面。看到作者团队的精心设计，此处不应该有掌声、点赞吗？

不管是一个点，还是一条线，不管是安卓手机的线还是 iPhone 手机的线，都是一个类，这个类的名字就叫 Line2D。

类这个词是编程领域中的术语。Line2D 是我们第一个正式学习的类。而一行 plot()代码运行得到的就是一个 Line2D 类对象。

有关面向对角的编程思想，可以写成一本非常厚的书，大家目前只需要建立初步的认识即可，以下是要点总结：

- Line2D 是一个类。
- 之前所有的 plot()示例代码运行得到的都是一个或多个 Line2D 类对象。不管是一个红色的点还是蓝色的点，都是一个 Line2D 类对象；不管是一个点，还是一条线，都是一个 Line2D 类对象；不管是一条直线，还是一条折线，都是一个 Line2D 类对象。
- 第 3 章中的联系人也可以视为一个类，即 contact 类，小明是一个 contact 类对象，韩梅梅是另一个 contact 类对象。

确认掌握了上述要点后，建议童鞋们撸下猫，看场电影，到群里聊一聊，让大脑有充分的休息和消化的时间。休息好了，再进入后面的学习。

---

10　这是因为，我们 plot 出来的这个点是一个 Line2D 类的实例（instance）。如果考虑到 at 后面的那串东东（16进制数，代表内存地址），其实每次输出都不尽相同，但目前只需要将注意力放在类的名字（即 Line2D）上即可。

# 4.4　高效交流，协作学习

在 MyBinder 上，限于平台的定位，童鞋们想要将自己的 Notebook 分享给小伙伴（如小明）是稍微有一点麻烦的。需要先下载，然后通过邮件、微信把 ipynb 文件发送给小明，小明再将这个文件传到自己本地或在线的 Notebook 服务上。

通过在线分享，这个过程就简化成以下两个步骤：

（1）选择想要分享的 Notebook，获取分享链接，将 Notebook 的分享链接发送给小明。

（2）小明打开链接，直接看到 Notebook 的内容。

比较以上两种方案的步骤，是不是有点理解本书从第 2 章就在强调的方便交流是什么含义了？下面我们一起来实操，见图 4-38 所示。

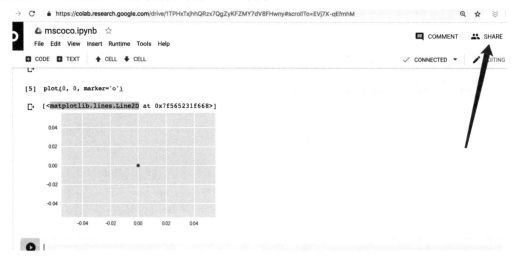

图 4-38　Colab 上的分享

单击图 4-38 中箭头所示的 SHARE 按钮，弹出分享对话框，如图 4-39 所示。

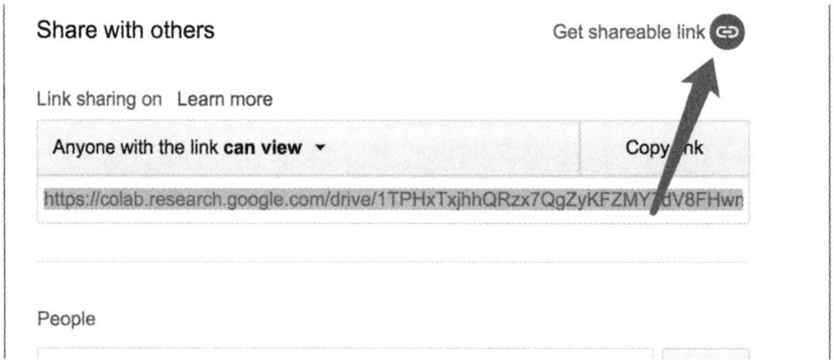

图 4-39　分享对话框

单击图 4-39 中箭头所示的获取链接按钮，即可得到链接，页面弹出提示 Link copied to clipboard，如图 4-40 所示。

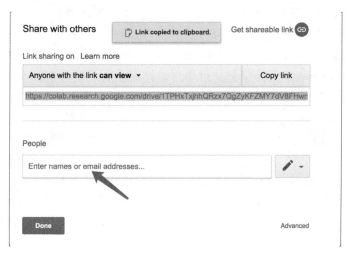

图 4-40　Link copied to clipboard 提示

Link copied to clipboard 的意思是不需要再手动复制了，直接粘贴即可。

有童鞋提了个没水平的问题：粘贴到哪里？

想把这个 Notebook 分享给谁，就粘贴给谁呗。想通过微信发给小明，就打开小明的微信直接粘贴。想通过邮件发送给小明，就在图 4-40 中箭头所示的位置填写小明的邮件地址，根据提示发送即可。

不管是通过短信、微信、邮件还是其他方式，小明打开这个链接，就可以看到我们分享给他的这个 Notebook 了。

本节内容非常简单，只是单击两下鼠标，重要的是养成高效交流的习惯。为什么说这种方式更高效呢？

第 2 章开篇提及过 reproducible environment，3.8.4 节末我们又用中文讲了一遍，即复现。对这个概念最简单的理解就是，小明写了一行代码，运行得到结果，韩梅梅写了同样的代码，运行应该得到相同的结果。

有的童鞋会说："这不是理所应当的事情吗？"是理论上应当，而实际上经常会变成，在小明的计算机上运行很好的程序，在韩梅梅的计算机上就是运行不起来。导致这种情况发生的原因之一是开发环境，细节前两章都讲过了，不再赘述。另一种情况是小明在学习时遇到一个错误信息，通过 Bing 查找了很久，没有得到有效的解答，于是就把错误信息扔到群里，还附上一句话"求大神帮忙解决问题"。这种行为是低效的，对小明自己，对愿意帮助他人的群友，对整个社群来说都是低效的。

除了常见的错误（通过搜索引擎就可以得到答案，而不搜索直接提问是非常不好的行为），仅仅一个错误信息是无法有效地描述清楚问题的，而很多提问者又懒得（或者是不善于）将自己遇到的问题全貌解释清楚，这会导致愿意帮助小明的其他小伙伴付出极大的成本进行沟通和了解，才有可能帮助小明解决这个问题。

而在线 Notebook 则很好地解决了这些问题。小明仅需要把自己的问题总结在一个 Notebook 上，让别人打开 Notebook 后运行代码得到相同的错误信息，提供帮助的小伙伴就可以迅速地发现问题的原因，提出解决问题的建议，同时还可以将问题的分析、解决的建议都写在 Notebook 上分享到社群中，这样对小明、对社群都高效地提供了价值。这是一种全新的协作学习方式，也是本书所倡导的高效的学习方式。

本节要点总结如下：

- 遇到问题，先使用 Bing 查找，如果不能找到解决办法再到社群中提问。
- 在提问之前，需要对问题进行整理，确保其他人打开 Notebook 直接运行就能看到相同的错误信息，如果是多个问题，一定要拆解成多个 Notebook 来提问，如同本书中的每个示例，一段代码讲清楚一个问题，这样才能提高沟通的效率。
- 不要直到遇到了问题才想到社群，平时学习的心得，其他人遇到的问题，都是自己为社群做贡献的机会。

希望友爱、专业、高效的交流早一点成为大家的共识，到那时，也许你每天不分享一个 Notebook 链接或几行代码，都不好意思跟大家打招呼了呢。

# 4.5　正式认识 Matplotlib

本节的标题看起来可能有点怪，为啥叫正式认识呢？因为我们已经跟 Matplotlib 打交道很久了。

"什么时候？"

4.2.2 节开始的。

有奖竞猜的机会来了，Matplotlib 跟我们使用的哪个方法有关？这又是一道送分题。有不少童鞋都答对了，可以联系助教领取神秘礼物哦！

答案就是 plot()方法。

体现 Matplotlib 与 plot()有关的线索是一行代码。那么问题又来了，是具体哪行代码呢？继续有奖竞猜！刚刚领到礼物的童鞋，请把这次机会让给其他小伙伴哦！

又有不少童鞋都答对了。怎么做，你懂的。

答案就是，如图 4-41 所示的 pylab 命令。

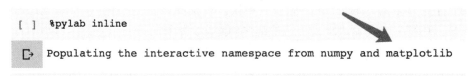

图 4-41　pylab 命令

图 4-41 中箭头所示的位置就是 Matplotlib。这个单词是什么意思呢？为什么每次新建、刷新 Notebook 后都要先运行这条命令呢？

要回答这些问题，我们先来体验一个错误信息。

确认保存（MyBinder 上则是下载）成功后，刷新 Notebook 页面。然后跳过这条命令，直接执行以下这行代码：

```
plot(0, 0, marker='o') (4-42)
```

结果如图 4-42 所示。

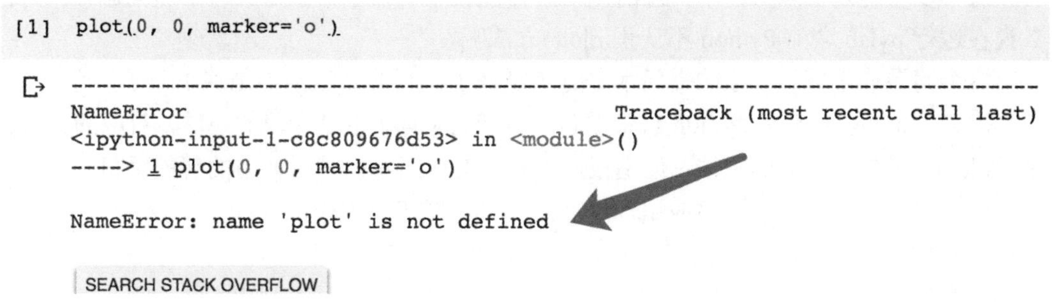

```
[1]  plot(0, 0, marker='o')

----------------------------------------------------------------------
NameError                                Traceback (most recent call last)
<ipython-input-1-c8c809676d53> in <module>()
----> 1 plot(0, 0, marker='o')

NameError: name 'plot' is not defined
```

SEARCH STACK OVERFLOW

图 4-42　错误信息

注意箭头所示位置的错误信息 name 'plot' is not defined。

不少童鞋自己练习时也遇到过这个错误信息。仔细回顾 4.2.2 节或联系助教后慢慢养成先运行 pylab 的习惯。那这个错误是什么意思呢？

意思很直白了，就是 Python 不认识 'plot' 这个方法。

有童鞋立即就惊呆了："太颠覆认知了，我们敲了这么久的代码，Python 自己反而不认识这个方法！"

确实不认识，计算机程序其实都是很"傻"的，是严格按照人类给的指令工作的。指令的英文是 command，而 pylab 就是一条 magic command，翻译成中文就是魔法命令。这条命令的作用其实早已经给出了，就是每次运行 pylab 时的输出。

```
Populating the interactive namespace from numpy and matplotlib
```

简单理解，就是从 NumPy 和 Matplotlib 这两个工具箱中取出一系列的工具。

已经养成良好习惯的童鞋立即提问了："刚刚这个解释一下子出现好多新的概念，重点是哪个？"

这个问题非常好！这位童鞋已经掌握了最简体验的心法，即使一次遇到多个新知识点，也力求挑出最核心的一个新知识点进行体验式理解，再基于这个知识点理解其他新知识点。

那么问题来了，刚刚对 pylab 输出的解释中，最核心的知识点是哪个呢？就是工具箱。

工具箱是一个比喻，表示包含了多个类似功能工具的一个集合。也可以比喻成书包，那就是书的集合。不管是工具箱还是书包，都是对同类事物进行打包，方便携带使用。

Matplotlib 这个工具箱就是对一系列画图工具的打包，因而 Matplotlib 被称为一个 Python 包（package）。包这个词可不是比喻哦，专业的说法是一个软件包。一个 Python 包就是指一个 Python 软件包。

Matplotlib 这个 Python 包中包含了多种用于画图的工具，而 plot()方法就是其中的一个，也是最容易设计成最简体验教学案例的一个。

理解了这一点，NumPy 也就容易理解了，显然是另一个工具箱，也是下一章的主角，因此不在这里做更多说明。

有不少童鞋差不多明白了，再消化一下可能就全明白了，于是又有了新问题："为什么说在运行 pylab 之前 Python 不认识 plot()方法呢？"

这个问题非常好，大家的提问水平越来越高了，真的已经不再是纯小白了！

因为 Matplotlib 不是 Python 自带的包。自带这个词，也是专业的说法，对应的英文就是 built in。虽然是专业的说法，但是很好理解，就如同我们平时使用的智能手机。大家拿到新的手机后通常都会装一些应用，这些应用都不是手机自带的。

同样的道理，plot()方法也不是 Python 自带的，所以需要告诉 Python，打开 Matplotlib 这个工具箱，我要的工具在这里面呢。这个告诉的过程，就是通过运行%pylab inline 这条命令完成的。

本章的示例是在体验 plot()方法，其实就是在最简体验 Matplotlib 这个 Python 包，而直到本节才说明，所以才叫正式认识。

为什么要这么安排呢？这正是本书在第 1 章就明确倡导的一个学习主张。对于纯零基础的学习者，不应该一上来就理论抽象的概念，而应该以最简体验开始，体验过这个工具是做什么的，有什么功能，之后再基于这些体验总结概念和理论讲解，这样可以更好地呵护初学者的学习热情，也能让学习过程更高效、更轻松。

有了以上的认识就很容易知道，本章的主角 Matplotlib、下一章的主角 NumPy 及本章没什么戏份的 pillow 都是 Python 包，而且都不是 Python 自带的。所以在本地环境下需要手动安装，这些 Python 包在线 Notebook 平台上已经为我们准备好了。这也是为什么本书不建议纯小白把搭建环境作为编程的起手式，因为在不理解一些基础知识的情况下，盲目地试错、搜索，多花时间是小事，浪费热情才是更大的问题。

很多童鞋做一件事只有 3 分钟的热情。在这有限的 3 分钟里，是学明白一个最核心、最基础的知识点，还是乱打乱撞，即使做完了也不明白？两种选择，哪种更有价值就显而易见了，对不？

烧脑部分结束，然后就是喜闻乐见的要点总结了：

plot()不是 Python 自带的方法，因此需要通过运行 pylab 命令告诉 Python，到 Matplotlib 这个包中去找这个方法[11]。

---

11　实际的过程更复杂，但是对于纯小白，先掌握到这个程度就可以了。

# 4.6　小　　结

本章以像素开始，带领大家掌握了 CV 最基础的概念，然后通过一系列示例，带领大家初步掌握了 Matplotlib 中的 plot()方法。在学习 Matplotlib 相关代码时，初步理解了面向对象与 Python 软件包的概念。

在掌握核心概念、常用代码的同时，养成良好的学习和交流习惯更加重要。即使是使用本地环境的童鞋，也建议将整理好的代码发到 GitHub 或 Colab 上。这样的分享不仅是在帮助其他小伙伴，也是在帮助自己成长。其他人对自己的提问能不能解释清楚，是高效检验自己掌握情况的方式。

还有一点说明，因为很重要，所以再重复一遍。从下一章开始，每个示例如果没有特别说明，默认都是运行在 Colab 上，因此需要在运行代码前先登录 Colab（需要谷歌账号，有问题找助教哦）。

每次加载示例后，都需要在弹出的 Warning 对话框中勾选掉 Reset 选项，单击 RUN ANYWAY 按钮才能运行，并且对 Notebook 的改动与运行结果都不会被保存，需要手动保存，键盘快捷键是 Command+S（Mac OS）或 Ctrl+S（Windows 或 Linux）。

Warning 对话框与菜单命令保存的图文说明请参考本书 2.3 节。

重要的事情说了三遍了，一定要记得哦。

# 4.7　习　　题

## 4.7.1　基础部分

1. 使用 plot()方法画两条线，一条包含端点，另一条不包含端点，两条线颜色都为蓝色。
2. 整理第 1 题中的答案（代码、运行结果），上传至 Colab，分享 Notebook 至社群。
3. 代码生成"数据"list。

## 4.7.2　扩展部分

1. 使用 print()方法画一个实心菱形。
2. 使用 print()方法画一个大写字母 J，如图 4-43 所示。

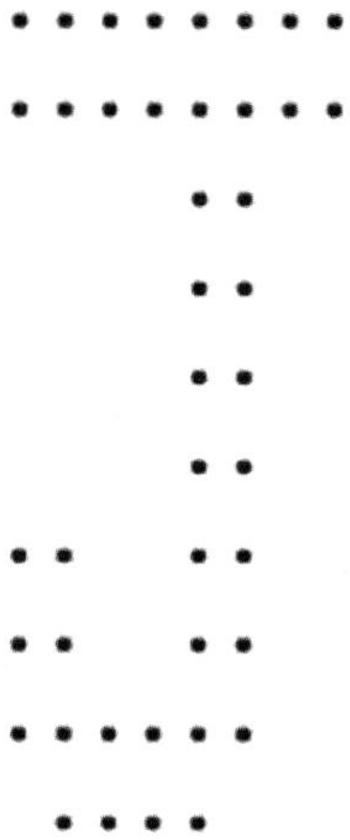

```
• • • • • • • •
• • • • • • •
        • •
        • •
        • •
        • •
• •     • •
• •     • •
• • • • • •
  • • • •
```

图 4-43　大写字母 J

3．使用 plot() 方法画一个空心三角形。
4．使用 plot() 方法画一个空心菱形。

# 第 5 章　最简体验数组

NumPy 是人工智能领域与其他相关领域（如数据分析、数据挖掘）广泛使用的一个 Python 包。

NumPy 在第 4 章已经出镜过了，但当时只是预告，而在本章中 NumPy 则是主角。

最简体验 NumPy 的同时，我们还将初步掌握数组、向量、矩阵这些概念，不要头大，不要慌，都是以最易懂的方式讲给童鞋们的。

那么，开始！

## 5.1　最简体验 NumPy

很多领域（如数学、统计学、计算机科学及多个计算机应用领域）中都有数组这个概念，对应的英语是 array。

但是目前我们只需要关心 NumPy 中的数组（以下简称数组或 array）长什么样，有什么用，怎么用。先说下数组长什么样。

### 5.1.1　从 list 到 array

array 长什么样呢？

看到本节的标题，有童鞋就已经猜到答案了，数组的长相可能跟 list 差不多。这位童鞋的学习能力简直爆表！一猜就对！

array 的"长相"跟 list 差不多，但是功能比 list 更强大。强大在哪里呢？下面以示例说明。

4.3.2 节剧透过，NumPy 可以帮我们解决坐标书写习惯的问题。

我们通常习惯用$(x,y)$这样的方式来描述一个点。如果是多个点，如 3 个，则是$(x1,y1)$、$(x2,y2)$、$(x3,y3)$。

4.3.2 节给出了一个临时性的办法，即将 $x$、$y$ 分别写在两行，然后竖着看。

而现在通过 NumPy 就可以更好地解决这个问题了。先来看下效果，这样比较容易理解。在浏览器中打开以下 URL：

https://colab.research.google.com/github/MachineIntellect/DeepLearner/blob/master/ai-501

.ipynb（或向微信公众号"AI 精研社"中发送 ai501 可获得该 URL）。

　　页面成功加载后，运行 Notebook 中的所有 Cell，对 Warning 对话框还不熟悉的童鞋请参考 4.6 节。下面请看示例 5-1，运行结果如图 5-1 所示。

```
坐标list = [[1,0],[1,1],[0,0]]
坐标arr = array(坐标list)


x = 坐标arr[:,0]
x


array([1, 1, 0])


y = 坐标arr[:,1]
y


array([0, 1, 0])
```

图 5-1　NumPy array 版坐标

　　先看一下效果，然后我们再逐个字符解释。我们发现，*x*、*y* 的值是与 4.3.2 节的示例一样，即 3 个点的横坐标放在变量 *x* 中，对应的 3 个纵坐标放在变量 *y* 中，但是赋值的时候，还是用我们习惯的每个点一组横纵坐标的方式给出 3 个点坐标。

　　因此，我们可以很确定地得出结论，NumPy 可以对数据的排列方式进行修改。

　　示例 5-1 代码中有 3 个 Cell，下面我们逐个展开解释。先看第 1 个 Cell，即示例 5-2，代码与运行结果如图 5-2 所示。

```
坐标list = [[1,0],[1,1],[0,0]]
坐标arr = array(坐标list)
坐标list


[[1, 0], [1, 1], [0, 0]]


坐标arr

array([[1, 0],
       [1, 1],
       [0, 0]])
```

图 5-2　坐标 arr

第 1 个 Cell 有 2 行代码，第 1 行就是用我们习惯的每个点一组横纵坐标的方式给出，存放在坐标 list 变量中；第 2 行是以坐标 list 变量定义 1 个新的变量坐标 arr，arr 来自 array 的前 3 个字母，这也是码农常用的一种命名方法。

重点在 array()方法，这是 NumPy 提供的，用于定义 array 的方法。

为了进行比较，分别输出了坐标 list 与坐标 arr 的值。显而易见，坐标 list 与坐标 arr 各有 3 个元素，每个元素的值是一一对应且相等的。为了验证这一点，分别输出第 1 个元素，请看示例 5-3，代码与运行结果如图 5-3 所示。

两个 Cell 中的坐标值是相等的，只是第 2 个 Cell 的输出中加了 array 和一对圆括号，这是为了标识数据类型是 array 而不是 list。

童鞋们一定要自己尝试输出另外两组元素的值，来增强体验和认识。整理好代码与运行结果，将 Notebook 发给助教，前 10 名同学可以领取礼物哦！不要担心礼物一直被"霸占"，之前互动环节中领过奖的童鞋只能赚积分，不能再领礼物了。

刚刚的这种方式中 array 与 list 没啥区别，都是按行取元素。而 array 比 list 的强大之处在于可以直接按列取元素。竖着看坐标 arr 中的元素，图 5-2 中方框所示恰好是 index 为 0 的列。写成代码（示例 5-4）如图 5-4 所示。

```
坐标list[0]
[1, 0]

坐标arr[0]
array([1, 0])
```

```
x = 坐标arr[:,0]
x
array([1, 1, 0])
```

图 5-3　第 1 个元素　　　　图 5-4　index 为 0 的列

在 4.1.1 节，我们已经掌握了 list 取元素的方法，即在一对方括号[]中指定 index 的值，就可以取到相应的元素，这个过程叫做 slicing。

NumPy array 同样也是在一对方括号[]中指定 index 来取元素，而且支持更复杂的操作，如[:,0]。

方括号中有两个 index，之间由逗号间隔，第 1 个 index 表示第 1 个维度（维度这个概念后续章节中会展开）即行，如坐标 arr[2]，表示的就是取出坐标 arr 这个数组中的最后一行。

第 2 个 index 表示第 2 个维度，即列，而冒号表示这个维度上的所有元素，因此，[:,0]表示数组中 index 为 0 的列中的所有元素。而坐标 arr 中，index 为 0 的列中的所有元素恰好是 3 个点的横坐标。同样的原理，[:,1]是 index 为 1 的列中的所有元素，即 3 个点的纵坐标。

大功告成，每个字符都解释清楚了，童鞋们多练习、多体会，很容易就可以掌握 NumPy array 的 slicing 了。

本节要点如下：

- 通过 list 定义 NumPy array 的方法；
- 指定两个维度的 index 取 NumPy array 中的元素。

累了可以先休息，不要着急进入下一节学习，一定要确定从概念到代码都已熟练掌握了哦！

## 5.1.2　Notebook 技能之 Run all

上一节开始的时候需要运行多个 Cell，有童鞋反馈："每个 Cell 单独运行太麻烦了，Notebook 有可能一次运行多个 Cell 吗？"

这个必须有！通过 Chrome 浏览器成功加载 ai-501 后，如图 5-5 所示。

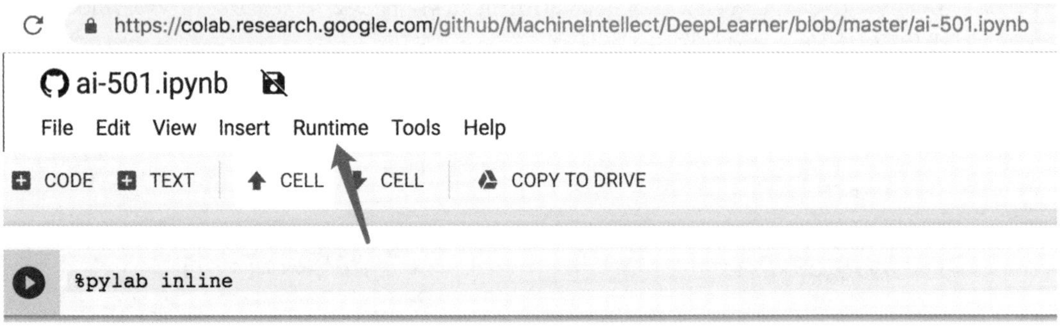

图 5-5　加载 ai-501.ipynb

ai-501 中有 4 个 Cell。

如果是按照以前的方式，需要分别运行每个 Cell。只有 4 个 Cell 时，这样做已经有点麻烦了，如果有 10 个、20 个 Cell，每个 Cell 单独运行一遍，效率就太低了。

幸好，Jupyter 的研发人员早就考虑到了这种情况，专门提供了一次运行多个 Cell 的功能。

选择图 5-5 中箭头所示的 Runtime 菜单，弹出 Runtime 菜单命令，如图 5-6 所示。

选择箭头所示的 Run all 命令，然后看示例 5-6。如果对 Warning 对话框还不熟悉的童鞋请参考 4.6 节，运行 Notebook 中的所有 Cell[1]。

除了 Run all 命令，Notebook 还提供了其他运行 Cell 的方式，有些是原版 Notebook 提供的，有些是 Colab 添加或修改的，有兴趣的童鞋可以自行体验，记得将体验的结果做好总结并发到社群中哦。

---

1　遇到 error 时会停止，error 以下的 Cell 将不被运行。

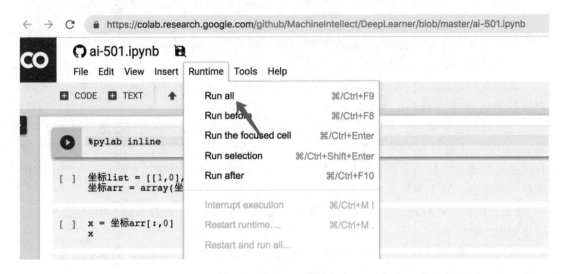

图 5-6　Runtime 菜单命令

## 5.1.3　生成一个 array

5.1.1 节中，我们一起体验了 NumPy array 的 slicing。

能够进行 slicing 操作的前提是，要先有一个 array。3 个点的坐标我们可以手敲，如果是 30 个、300 个点的坐标，显然就不适合手敲了。

那么，NumPy 有没有提供什么方法可以方便又快捷地生成一个 *n* 行 *m* 列的 array 呢？这个必须有！

请看示例 5-7，代码与运行结果如图 5-7 所示。

```
zeros((9,9))

array([[0., 0., 0., 0., 0., 0., 0., 0., 0.],
       [0., 0., 0., 0., 0., 0., 0., 0., 0.],
       [0., 0., 0., 0., 0., 0., 0., 0., 0.],
       [0., 0., 0., 0., 0., 0., 0., 0., 0.],
       [0., 0., 0., 0., 0., 0., 0., 0., 0.],
       [0., 0., 0., 0., 0., 0., 0., 0., 0.],
       [0., 0., 0., 0., 0., 0., 0., 0., 0.],
       [0., 0., 0., 0., 0., 0., 0., 0., 0.],
       [0., 0., 0., 0., 0., 0., 0., 0., 0.]])
```

图 5-7　生成一个全零 array

满眼望去都是 0，所以叫全零数组。

高等数学比较好的童鞋赶快计算一下，这个 array 是几行几列呢？

有的童鞋还没来得及举手，这个问题已经被秒答了。是 9 行 9 列。

代码只有一行，有两个需要注意的地方。

这次我们使用的是 NumPy 的 zeros() 方法。该方法名是零的英语 zero 末尾加了一个 s，表示多个 0，5 个字母都是小写。

之前我们已经掌握的方法如 print()、array() 和 plot()，都是方法名后面跟一对圆括号，而 zeros 是方法名后面跟两对圆括号，外层的一对圆括号用于传参，是在告诉该方法"这对圆括号里面是给你的参数，拿好哦！"所以 zeros 内层的一对圆括号及其包含的值也仍然是一个参数，这个参数的名字叫 shape，即形状。

5.1.1 节中定义的 array 正好可以帮助我们最简体验 shape，请看示例 5-8，代码与运行结果如图 5-8 所示。

输出一个数据的 shape，可以通过这个数据的变量名跟一个 .shape，意思也很直白了，就是坐标 arr 这个数组的 shape。

坐标 arr 是 3 行 2 列的数组，index 为 1 的列中存储了 3 个点的纵坐标。

目前我们体验过的数组中，shape 是一对圆括号包含 2 个整数，形如(行,列)，行与列之间由一个逗号间隔。这样的数组称为二维数组，行、列就是这个数组的两个维度（维度这个概念先预热下，后面再详细展开）。

再来看 9 行 9 列数组的 shape，请看示例 5-9，代码与运行结果如图 5-9 所示。

```
坐标arr.shape

(3, 2)
```

图 5-8　坐标 arr 的 shape

```
a = zeros((9,9))
a.shape

(9, 9)
```

图 5-9　9 行 9 列数组的 shape

结果是符合预期的，都说了是 9 行 9 列了，所以 shape 必然是(9,9)。

为了加深记忆，生成数组的代码还可以写成以下这行（示例 5-10），大家一定要手敲体验哦！

```
zeros(shape=(9,9))
```

上面这行代码还可以显式的加上 shape 参数（带参数名的传参方式），代码与运行结果如图 5-10 所示，童鞋们一定要亲自体验哦！

要点总结：

- 二维数组的 shape 形如(行,列)，由一对圆括号包含两个整数，行与列之间由一个逗号间隔。
- NumPy 提供的 zeros() 方法可用于生成一个全零数组，该方法根据给定的参数 shape，生成一个全零数组。

• 通过 数组.shape，可以查看该数组的 shape，中间的.是英文句号。

```
1  a = zeros(shape=(9,9))
2  a.shape
```

```
(9, 9)
```

图 5-10 带参数名的传参方式

## 5.1.4 操作 array 中的元素

上一节，我们通过 NumPy 的 zeros()方法生成了一个 9 行 9 列的数组。9 行 9 列在此之前也出镜过，请问是第几集？哦，不对，是第几章？

有的童鞋已经翻书了。为了节约时间，不需要准确地回答是第几小节，只需要回答一个有代表性的概念或者变量名、方法名即可。

恭喜这位童鞋抢答正确，记得联系助教领取奖品哦！

答案是"数据"list，是一个 9 行 9 列的 list。

提起这个"数据"list，上一章的习题基础部分第 3 题不知道有多少童鞋做出来了。不管有没有做出来，主动独立思考的过程最重要，如果没有独立思考过这道题，请先思考一会儿。

在掌握数组之前，想要生成"数据"list，需要稍多一点的编程技巧。掌握数组之后，这个任务就非常容易完成了，请看示例 5-11，代码与运行结果如图 5-11 所示。

```
a = zeros((9,9))
a[0,4] = 1
a[0]
```

```
array([0., 0., 0., 0., 1., 0., 0., 0., 0.])
```

数据[0]

```
[0, 0, 0, 0, 1, 0, 0, 0, 0]
```

图 5-11 操作[0,4]位置的元素

关键代码只有一行，a[0,4] = 1。

意思很直白了，哪位童鞋可以解释下这行代码的作用？

抢答正确！记得联系助教领取奖品哦！是将 index 为 0 的行中 index 为 4 的列元素的值修改为 1。刚刚没有抢到礼物的童鞋不要伤心，新的机会又来了。

继续修改后面的元素，下一行代码应该怎么写？非常好！有童鞋已经答出来了！

请看示例 5-12，代码与运行结果如图 5-12 所示。

```
a[1,3] = 1
a[1,5] = 1
a[0:2]

array([[0., 0., 0., 0., 1., 0., 0., 0., 0.],
       [0., 0., 0., 1., 0., 1., 0., 0., 0.]])
```

图 5-12　查看 a[0:2]

修改两个元素的值，这没有一点难度，因为行、列的 index 我们已经反复练习多次了。但是 a[0:2]这行代码，如果对前面的章节没有熟练掌握的话，可能要好好回忆一下了。在 4.1.2 节中，以 list 为例已经讲解过了，表示取 index 从 0 到 2 的元素，"左闭右开"，包含左（0）不包含右（2）。

回到刚刚的示例 5-12 代码中，就是输出 a 这个数组中的前 2 行。

为了检验效果，使用菱形代码打印 a，请看示例 5-13，代码与运行结果如图 5-13 所示。

```
| for 行 in a:
      for 列 in 行:
          if 列 == 0:
              print("-", end="")
          else:
              print("+", end="")
      print("")

----+----
---+-+---
---------
---------
---------
---------
---------
---------
---------
```

图 5-13　数组版菱形

为了给童鞋们练习、理解的机会，数组版菱形的代码没有全部完成，后续的代码是本章的基础习题。前 10 名完成的童鞋有奖励哦！

本节要点：

- 通过形如数组[行,列] 的方式，可以操作二维数组中的元素；
- list 中的 slicing 操作同样适用于 array。

确认以上要点已经熟练掌握的童鞋可以休息了哦！

# 5.2　基于数组进行画图

学习完上一节的内容后，有不少童鞋都提了这样的问题："前面的内容讲得很详细，也都掌握了，可是进度是不是有点慢呀？什么时候才能学人工智能呢？"

有这样的问题很正常，但是，前面这些都是最基础、最简单的代码，如果这些都不能通透掌握的话，真正学到人工智能相关算法的时候，也只能是走马观花，不能消化。

然而，童鞋们想更早接触新技术的心情也是需要呵护的，所以虽然目前掌握的知识还不够学习人工智能的算法，但是可以进一步学习人工智能的分支领域 CV（计算机视觉）相关的基础了。

## 5.2.1　最简体验 imshow()方法

上一章我们通过 print 画出了菱形，但是这个菱形是字符串，并不是真正的图像。现在我们已经掌握了充足的知识，可以来画一个真正的菱形图像了。

当时我们绘制菱形时是基于一个名为数据的 list，忘记的童鞋请回顾 4.1.1 节，也可以发送"菱形"到微信公众号"AI 精研社"，直接获取该 list。获取到数据后，如何使用呢？请看示例 5-14，代码与运行结果如图 5-14 所示。

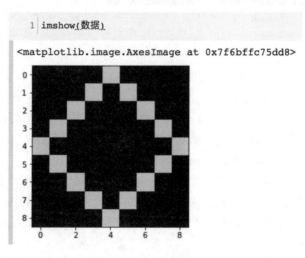

图 5-14　基于数据 list 画图

imshow()是 Matplotlib 提供的用于画图的方法。不同于 plot()方法,imshow()方法是基于数组或数值型 list 进行画图的。需要说明的是,目前看到的这张图,不是真正的 9×9 像素,而是 Matplotlib 自动放大后的图。

数据 list 中存放的值可以看作一个 9 行 9 列的数组,imshow()将这个数组中的每个元素画成对应的方块,在 Matplotlib 默认环境设置下[2],值为 1 的元素画成黄色,如数组[0,4]位置的元素,值为 0 的元素绘制成紫色。数据 list 中所有值为 1 的元素恰好构成了一个黄色的菱形。不同的运行环境,看到的颜色可能会不同。

为了确保在不同的 Notebook 平台上得到一致的结果,需要为 imshow()方法传参 cmap,请看示例 5-15,代码与运行结果如图 5-15 所示。

```
1 imshow(数据,cmap='gray')
```

<matplotlib.image.AxesImage at 0x7f6bffc0e8d0>

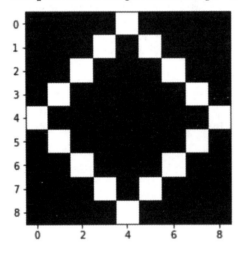

图 5-15　cmap 参数

cmap 参数的作用是指定 imshow()方法使用的 color map,即告诉 imshow()方法使用什么样的颜色方案显示给定的数据。颜色方案是指 1、0、0.5 这些数值分别表示什么颜色。

'gray'颜色方案中,0 表示黑色,1 表示白色,0~1 之间的数值表示从白色到黑色之间的灰度。可以简易理解为黑白照片,虽然叫黑白,但不是纯黑或纯白,而是从白色到黑色之间的不同程度的灰,所以叫灰度(grayscale)。

修改数据 list 中的元素,体验灰度,请看示例 5-16,代码与运行结果如图 5-16 所示。

示例 5-16 的代码中修改了数据[0][4]与数据[1][3]两个元素的值。数值越小越接近黑色。因此,数据[0][4]所表示的灰度比纯白色深,比数据[1][3]所表示的灰度浅。部分 CV

---

2　具体是 rcParams,但这不是初学者目前需要掌握的重点。

算法，需要将彩色图像先转成灰度图像，再交由后续算法进行处理。

ai421 中的示例代码中加上一行代码就可以转成灰度图像，示例 5-17 代码与运行结果如图 5-17 所示。

```
size = 128, 128
im.thumbnail(size)
im
```

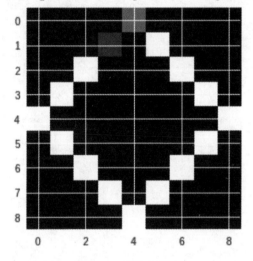

```
] 数据[0][4]=0.5
  数据[1][3]=0.3
  imshow(数据,cmap='gray')
```

`<matplotlib.image.AxesImage at`

```
im.convert('L')
```

图 5-16　体验灰度　　　　　　　图 5-17　转成灰度图像

'L'在 pillow 中表示灰度[3]。

pillow 示例仅用于展示，不是要点哦！要点在这里：

- Matplotlib 提供了 imshow()方法，基于数组或数值型 list 进行画图。
- 通过 imshow()方法的 cmap 参数可以设置颜色方案，'gray'表示灰度颜色方案。
- 在'gray'颜色方案中，最小的数值（目前是 0）表示黑色，最大的数值（目前是 1）表示白色，0～1 之间的数值表示从白色到黑色之间的灰度。数值越接近 0，表示颜色越深，越接近黑色。

通过数组来存储、表示、操作图像还不能算是人工智能算法，但这些方法确实是数字图像处理的基础。有了这些基础，就可以接触一部分 CV 算法了，是不是很开心？继续努力哦！

---

3　L 是亮度的英语 Luminance 的首字母。

## 5.2.2　改进图像显示效果

在编程的过程中遇到问题是极其正常的事情，没有问题才是不正常的。有问题就要及时解决。小黑童鞋就提了这样一个问题："为什么在有的地方 plot 有网格线，有的地方却没有呢？"

这个问题问得很好。

plot 的网格线通常受运行环境或代码参数的影响。通过设置 grid()方法的参数，通常可以在不同的环境下得到相同的运行效果。

其实，只需要一行代码，就可以精准地控制 plot 带不带这个网格，请看示例 5-18，代码与运行结果如图 5-18 所示。

```
1 plot(1,1,'o')
2 grid(True)
```

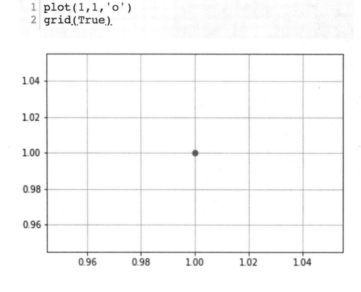

图 5-18　不显示网格

网格的英语是 grid，因此，Matplotlib 使用 grid()作为方法名，用于控制一个图像[4]是否显示网格。False 表示不显示网格，需要显示时，设置为 True 即可。

示例 5-15 系统默认是没有网格的，但是不同的系统默认设置可能不同。而示例 5-18则通过参数显式地指定带网格，所以不管是哪个系统，都能确保带网格。

有探索精神的童鞋做了一个小实验，将之前示例 5-16 生成的菱形图像保存到计算机上并打开查看，于是提了这样的问题："这个图片还带着坐标轴，看着有点烦，怎么去掉？"

与网格类似，Matplotlib 也提供了专门的方法，用于控制坐标轴是否显示，请看示例 5-19，代码与运行结果如图 5-19 所示。

---

4　更准确地说，是一个 Axes 的实例（instance）。

```
imshow(数据,cmap='gray')
axis('off')
```

(-0.5, 8.5, 8.5, -0.5)

图 5-19　不显示坐标轴

axis 是轴的英语，'off'表示关闭，axis('off')的意思相当直白了，就是不显示坐标轴。保存这张图，然后打开，就会发现没有坐标轴也没有网格的菱形。

更准确地说，axis()[5]与 grid()方法是在设置 Axes 的属性。

在 Matplotlib 绘制图像的方法模型中，Axes 是构建在 Figure 之上的。如果将这些图像看作是我们在纸上（或者画布）的创作，Axes 就可以看作是一张张的白纸，而 Figure 则是画夹，纸是要基于画夹之上的。

Figure 是高级容器，各种图像的元素[6]都包含在这个容器中。

关于 Axes 与 Figure 的更多信息可以参考以下两个网址：

- https://matplotlib.org/api/axes_api.html#matplotlib.axes.Axes；
- https://matplotlib.org/api/_as_gen/matplotlib.figure.Figure.html。

对于纯小白，如果对上述 Axes 和 Figure 的说明没有理解也没有关系，只需要掌握以下要点即可：

　　　　◇ grid()方法用于控制是否显示网格。

　　　　◇ axis()方法用于控制是否显示坐标轴。

---

5　axis()方法用于控制是否显示坐标轴及坐标轴上的其他元素。

6　如坐标轴、网格、legend、tick、axis 的 label 及其他图像元素。

### 5.2.3　像素级操作图像

第 4 章习题扩展部分第 2 题的任务是 print 一个大写字母 J。基于当时已经掌握的知识，使用 list 与遍历可以完成这个任务，但是得到的并不是真正的像素。现在可以真正地操作像素，得到一个大写字母 J 图像。

先看效果，再详细分析，如图 5-20 所示。

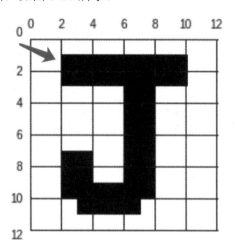

图 5-20　大写字母 J 图像

为了方便分析，为图像加上了 grid()方法。

掌握本章前面的知识后，现在可以很容易地给出一个思路来生成这张图：

- 使用 1 个 12 行 12 列的数组存储数据；
- 使用 imshow()方法显示这个数组。

通过 grid()方法，可以方便地分析出，数组的每行每列应该取什么值。但是有一点需要注意，plot()方法绘制的图像中，左下角是(0,0)，而在 imshow()方法中，(0,0)在左上角，这样可以保持与数组的元素位置匹配。

字母的起始位置是纵坐标为 1，横坐标为 2 的点，在水平方向上从 2 到 10 画一条线，请看示例 5-21，代码与运行结果如图 5-21 所示。

大写字母 J 的第一笔是一个横，对应的数组是 index 为 1 的行与 index 为 2 的行，即[1:3]，slicing 中我们专门讲解过的哦，是左闭右开；每行中都是从 index 为 2 的列到 index 为 10 的列，同样是左闭右开。

这时查看数组，则会看到，符合刚刚描述的位置上的元素都为 1，其他则仍然是 0，请看示例 5-22，代码与运行结果如图 5-22 所示。

```
Jdata = np.zeros((12,12))
Jdata[1:3,2:10] = 1
imshow(Jdata)
```

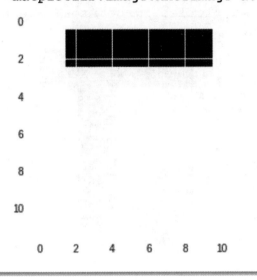

图 5-21 大写字母 J 的第一笔

] Jdata

```
array([[0., 0., 0., 0., 0., 0., 0., 0., 0., 0., 0., 0.],
       [0., 0., 1., 1., 1., 1., 1., 1., 1., 1., 0., 0.],
       [0., 0., 1., 1., 1., 1., 1., 1., 1., 1., 0., 0.],
       [0., 0., 0., 0., 0., 0., 0., 0., 0., 0., 0., 0.],
       [0., 0., 0., 0., 0., 0., 0., 0., 0., 0., 0., 0.],
```

图 5-22 Jdata 数组

为了节约篇幅，这里并没有将整个数组显示在图中，Notebook 中可以看到全部元素。

同样的原理，可以通过修改数组中的元素画出完整的 J 的图像，请看示例 5-23，代码与运行结果如图 5-23 所示。

需要说明的是，这时画出的 J 是完整的，但是整张图的效果略有不同，这是因为完整地设置坐标轴，网格线大约需要 20 行代码，而且是我们之前没有详细讲解的内容，同时也不是要点，因此这里不再展示，对此感兴趣的童鞋可以自行尝试，并分享给社群中的其他小伙伴。

```
Jdata[3:10,6:8] = 1
Jdata[9:11,3:7] = 1
Jdata[7:10,2:4] = 1
imshow(Jdata)
```

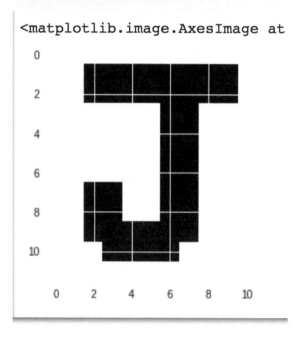

```
<matplotlib.image.AxesImage at
```

图 5-23  大写字母 J

限于篇幅，也为了锻炼童鞋们的最简体验思想，本节并没有逐像素地递进展示。如果有童鞋感觉理解的不充分，可以在思考尝试后联系助教索取提示。

以下是要点总结：

- imshow()方法中，原点(0,0)在左上角；
- 通过冒号，可以批量操作数组中连续的多个元素，如 Jdata[1:3,2:10]，这个知识点在之前的章节中已经详细讲解过了，是重要的数组操作，童鞋们一定要熟练掌握哦！

准确地讲，本节的新知识点只有一个，即原点在左上角，其他都是之前的章节已经详细讲解过的内容。因此，如果本节的示例不能通透理解，建议先复习之前的章节，然后细粒度体验本节代码，直到每行代码、每个字符都通透掌握，再继续后面的内容。

如果还有其他任何学习方面的问题，不要不好意思问，请果断联系助教。

## 5.2.4  精准体验像素

有不少童鞋完成上一节的学习后都会尝试将图像保存到自己的计算机上，毕竟这是自己亲手用代码生成的！

打开这张图发现看起来确实是一个大写的 J，没毛病！但是有一些细心的童鞋随即就提了一个问题："代码里是 12 行 12 列，按道理应该是 12×12 个像素点，可是保存的图片不是这个分辨率，为什么？"

非常好！这些童鞋一定要保持这份热情和主动独立思考的习惯，在未来的人工智能领域必有一席之地！那么，怎样才能得到精准的 12×12 分辨率的图像呢？

先看效果，再逐字符解释，请看示例 5-24，代码与运行结果如图 5-24 所示。

```
1 my_dpi = mpl.rcParams['figure.dpi']
2 plt.subplots(figsize=(12/my_dpi, 12/my_dpi))
3 plt.axis('off')
4 plt.imshow(Jdata, cmap='Greys')
5 plt.savefig('J.png')
```

图 5-24　12×12 分辨率

箭头所示位置就是一个精确的 12×12 分辨率的图像了，看起来有点小？那就对啦！12×12 就是这么小。

有童鞋随手就鼠标右击，"另存为"操作，打算亲眼验证下是不是 12×12，结果发现不是。

这是因为，直接另存为得到的图像中，不仅包含了代码生成的 J，还包含了 J 的画布，即 figure。如果对后面的 figure 这句不懂也没关系，不是纯小白级的要点。

对纯小白而言，与其花时间提升对 figure 的深刻理解，不如把精力放在数组和后面的卷积上（哎呀，又剧透了）。

有童鞋抑制不住自己的好奇心非要认识下 figure，这也好办，按住鼠标左键，划过箭头所示区域就能看到一个蓝色矩形，效果如图 5-25 所示。

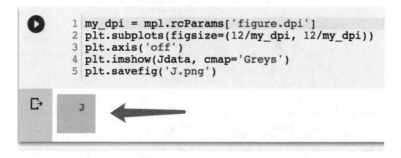

图 5-25　最简体验 figure

　　图 5-25 中的蓝色矩形区域就是 Matplotlib 的 figure，其是所有元素（点、线、坐标轴，以及其他更复杂的图形、图像）的容器。

　　白话解释就是我们在页面上 plot 出来的所有东东，都是包含在这个 figure 里的。直接另存为会把整个 figure 都保存，所以导致得到的图像文件不是 12×12。

　　那么，正确的打开方式是怎样的呢？如图 5-26 所示。

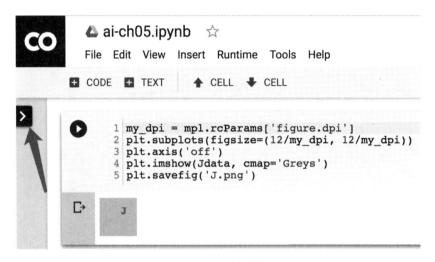

图 5-26　显示导航栏按钮

　　单击箭头所示"显示导航栏"按钮，页面左侧弹出导航栏，如图 5-27 所示。

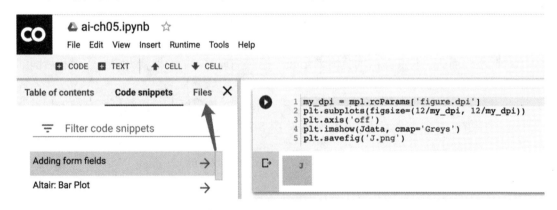

图 5-27　导航栏

　　单击箭头所示的 Files，导航栏切换至 Files tab 页，如图 5-28 所示。

　　Files tab 页中箭头所示位置就是我们亲手生成的 J.png 文件啦，右击，然后选择 Download 快捷命令，再查看下载的文件时就可以看到精准的 12×12 分辨率了。

　　确认过分辨率后，有童鞋就立即提问了："这个图像是精准的 12×12 分辨率了，但是生成这个图像文件的代码还没有讲解呢？"

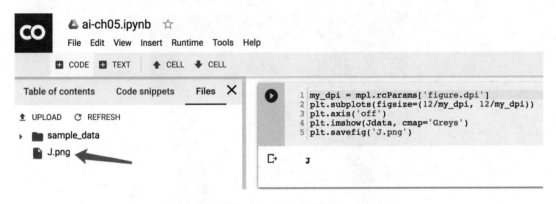

图 5-28　Files tab 页

非常好！积极主动学习，而且连提问的时机都把握得极其准确，其他童鞋要多向他学习哦！

示例 5-24 中的代码其实有 2 行我们已经很熟悉了，另外 3 行代码要达到初步掌握的程度，需要用一章的篇幅来讲解（没错，就是下一章），因此不在这里赘述了。

下面是本节的要点：

- 通过 File 标签页，可以管理当前 Notebook 的文件列表，相当于 Jupyter 中的 home 页；
- 直接右击 Cell 中的图像保存的是整个 Figure 类，而不仅仅是 J。

# 5.3　最简体验 Figure 与 Axes

5.2.2 节中提及了 Figure 与 Axes 这两个类，了解到绘制、控制图像的操作都是通过 Axes 和 Figure 完成的。而 5.2.4 节中为了精准体验像素，又使用了 Figure 的一些方法。

不少童鞋都在课下提问 Figure 与 Axes 到底是做什么的，不搞清楚连做梦都在惦记。学习完本节的内容后，这些童鞋都可以睡个好觉了。

## 5.3.1　最简体验容器

如果把前面使用 Matplotlib 画图的示例看作是用笔在纸上画图，那么 Figure 就是画夹，如图 5-29 所示。

如果将 Figure 看作画夹，那么对应的，Axes 就一张张的白纸。

Axes 是构建在 Figure 之上的（The axes is build in the Figure），对应的，是画夹对纸提供支撑。

Figure 是一个容器，包含了所有组成图像的元素（如点、线、图形、图像和坐标轴），方便进行操作管理，就如同画夹夹着所有的纸，方便携带。这是用类比帮助理解，那么代码上如何体验呢？请看示例 5-30，代码与运行结果如图 5-30 所示。

图 5-29　画夹

```
1  lines = plot([0,1],[0,1])
2  line = lines[0]
3  print(type(line.figure))
```

<class 'matplotlib.figure.Figure'>

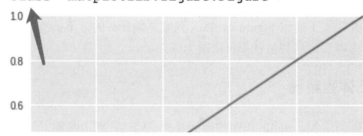

图 5-30　line 所在的 Figure

　　示例 5-30 中的第 1 行是通过 plot()方法画一条线，这是我们已经闭着眼都不应该敲错的代码哦！

　　lines 与 line 的关系稍后详细解释，同时也给童鞋们一个抢答领奖品的机会。

　　第 3 行是 print 一个 type()方法。type()方法顾名思义，就是获取一个对象的类型。拿我们已经熟练掌握的类型来体验下，请看示例 5-31，代码与运行结果如图 5-31 所示。

```
1  type('hi')
```

**str**

```
1  a = [1,2]
2  type(a)
```

**list**

```
1  type(np.array(a))
```

**numpy.ndarray**

图 5-31    最简体验 type() 方法

示例 5-31 中都是我已经熟练掌握的类型，str 是字符串，list 是列表，numpy.ndarray 是 NumPy 数组。

line.figure 是获取 line 这个对象的 Figure，即找到这一条线是在哪个画夹上。line 与 figure 之间的点表示"的"。

<class 'matplotlib.figure.Figure'> 是说，line.figure 是 matplotlib.figure.Figure 这个类（class）的实例（instance）。

如果刚刚这句话没太懂也没关系[7]，简易理解 line.figure 是 Figure 这个类型就可以了。本节要点如下：

- 容器是编程中的重要概念，含义极为丰富。现阶段我们只需要初步认识到 Figure 包含了所有组成图像的元素，是这些元素的容器。
- line 是一个变量，figure 是这个变量的属性，通过点"."获取变量的属性。
- 通过 type 可以获取到一个变量的类型。

## 5.3.2    Python 方法的返回值

很多 Python 方法都是有返回值的。对纯小白而言刚开始接触返回值这个词可能会不习惯，但是没关系，知识跟人一样多见几面就熟悉了。那么，什么是返回值呢？

---

7    在没有充足的代码实践体验之前，花时间通过纯文字讲解来理解面向对象，不符合最简体验原则，对纯小白而言，效率低、效果差。

在 5.3.1 节之前，我们是这样使用 plot()方法的，请看示例 5-32，代码与运行结果如图 5-32 所示。

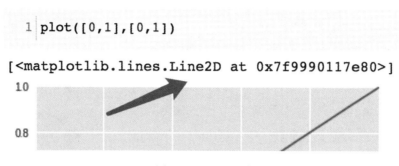

图 5-32　Line2D 类

4.3.3 节详细解释过 Line2D 类，记忆不是非常牢靠的童鞋花 2 分钟回去复习下哦。而现在要解释的是，我们调用 plot()方法是为了画图，那么除了画图外，为什么会有箭头所示的这行输出？

有的童鞋抢答了："这是提醒我们画出来的图是什么类型的。"

这么理解是可以的。除此之外还有一个原因，是因为我们没有使用变量接住 plot()方法的返回值。

为了最简体验接住返回值，我们来亲自动手定义一个 Python 方法，请看示例 5-33，代码与运行结果如图 5-33 所示。

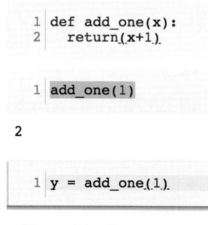

图 5-33　定义一个 add_one()方法

示例 5-33 中有 3 个 Cell，第 1 个 Cell 是新知识，第 2 个与第 3 个 Cell 都是在调用 add_one()方法，是我们已经很熟悉的操作了。

第 1 个 Cell 中有 2 行代码，第 1 行指定方法名为 add_one()，关键字是 def，来自定义的英语 define，圆括号里面是参数，参数的名字可以自由发挥，第 1 行末尾是冒号；注意第 2 行有缩进，但是不需要手动缩进，敲完第 1 行代码回车后 Notebook 会自动为我们缩进。return 是关键字，括号里面是对参数的处理，参数名要保持与第一行一致。

用白话再解释一遍，在使用了若干 Python 方法后，小明尝试自己搞（专业说法叫定义）一个方法，这个方法的名字叫 add_one()。作用就是我们给小明传一个数，小明把这个数加 1，再回传（return）给我们。

第 2 个 Cell 是接调 add_one()方法，第 3 个 Cell 用变量 y 接收 add_one()方法的返回值。

第 2 个 Cell 由于没有变量接收方法的返回值，因此 Cell 直接将返回值的结果输出。

理解了这个原理，再来看本节开篇的示例 5-32 就很容易理解了，[<matplotlib.lines.Line2D at 0x7f9990117e80>]这一长串，就是 plot()方法的返回值，更准确地说是返回的对象的描述信息（如果对象描述信息理解不充分，请暂时忽略）。

这个输出以一对方括号开始结束，有没有让童鞋们联想起什么？有奖竞猜，机会难得！提示下，这是我们已经熟练掌握的一种类型。

有童鞋已经答上来了，记得联系助教领取奖品哦！答案就是 list。

使用上一节刚刚掌握的 type()方法，我们可以来验证一下，请看示例 5-34，代码与运行结果如图 5-34 所示。

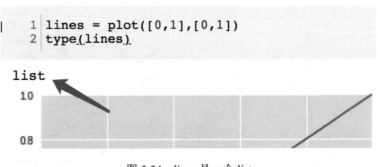

图 5-34　lines 是一个 list

lines 是一个 list，而这个 list 里面，是 1 个或多个 Line2D 类的实例，即 1 条或多条线，每一条线都是这个 list 中的一个元素。

这就是为什么 5.3.1 节中会有 lines[0]这行代码，这行代码的作用是从 lines 这个 list 中取第 1 个元素，取到的这个元素，就是 plot 出来的这条线了，请看示例 5-35，代码与运行结果如图 5-35 所示。

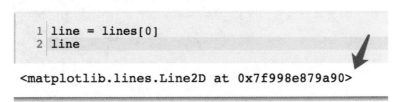

图 5-35　lines 中第 1 个元素

注意图 5-35 中箭头所示位置，这时已经没有方括号了，因为现在输出的是 line 这条线的信息，而不是 lines 这个 list。

这时就可以通过点 "." 操作符调用 list 的 figure 属性了，请看示例 5-36，代码与运行结果如图 5-36 所示。

图 5-36    list 的 figure 属性

list 的 figure 是让画夹在 Cell 中运行，Cell 就是再次显示（display 或 render）出这个 figure，因此我们又看了一张图。

再次使用 type() 方法查看 line.figure，看到的是这个 figure 的描述信息，请看示例 5-37，代码与运行结果如图 5-37 所示。

```
1 type(line.figure)
```

**matplotlib.figure.Figure**

图 5-37    figure 的描述信息

这样就与 5.3.1 节连起来了。对 figure 也有了初步的认识了。

本节要点总结如下：

- 通过 def 与 return 关键字可以定义一个 Python 方法。
- 很多（不是所有）Python 方法都有返回值，可以通过变量接收返回值。
- plot() 实际上不是直接返回一条线，而是一个 list，这个 list 中可以包含 1 条或多条线。通过 list 取元素（专业说法叫 slicing，不要说不熟悉哦）的方法，得到这条线并进行操作，如 line.figure。

纯小白注意：一定不要着急进入下一节的内容，反复阅读本节内容，反复练习代码，尝试自己定义几个方法，复习 4.3.3 节，到群里讨论，或者看 5 分钟的棒球比赛，都比直接进入下一节学习更容易提升学习效果哦！

### 5.3.3　最简体验 figure 的 size

度量一张图的大小（size）可以使用两个单位，像素（pixels）与英寸（inches）。
Matplotlib 提供的 get_size_inches()方法使用的是 inches，这个方法名虽然看起来有点长，但是这反而利于我们的理解和使用。

因为这个方法的名字就已经将该方法的功能解释得很清楚了，get 是获取，size 是大小（或尺寸）、inches 是英寸，请看示例 5-38，代码与运行结果如图 5-38 所示。

```
1 figure_size = line.figure.get_size_inches()
2 figure_size
```

```
array([6., 4.])
```

图 5-38　get_size_inches()方法

前面说 get_size_inches()方法是 Matplotlib 提供的，更具体地说是 matplotlib.figure.Figure 这个类提供的（纯小白可跳过）。这个方法返回值的度量单位是 inches，如果想要转成 pixels 该怎么操作呢？

有童鞋举手了。哦？不是抢答，是提问，那也鼓励！

"为什么需要将 inches 转成 pixels 呢？"

这位童鞋的问题，其他童鞋能回答也可以获得奖励哦！

"因为 5.2.4 节时，我们需要精准体验像素。"

回答得非常好！那么，代码怎么写呢？这就是 5.2.4 节中的第一行代码了：

```
my_dpi = mpl.rcParams['figure.dpi']
```

注意，这行代码不是要点，感兴趣的童鞋简单了解即可，不感兴趣的童鞋直接跳到本节末尾也不会影响后续的主线学习。

前面在介绍 Colab 与原始版本的 Notebook 时曾经提及过，Matplotlib 的配置参数就是这个 rcParams。这些配置参数是 Matplotlib 启动时的默认值，就如同计算机的桌面启动程序及默认的输入法等。Colab 上使用了 329 个参数[8]，比原版略少。

这些配置参数中有一个 figure.dpi 参数，即 Matplotlib 中 figure 的像素密度。Matplotlib 使用 DPI，而苹果使用的是 PPI，童鞋们不必纠结，目前说的是一件事，即每英寸有多少个像素点。

那么，这个值到底是多少呢？输出 my_dpi 变量即可，请看示例 5-39，代码与运行结果如图 5-39 所示。

---

8　作者于 2018 年 11 月 13 日晚 8 点获取的这个值。

```
1 my_dpi = mpl.rcParams['figure.dpi']
2 my_dpi
```

```
72.0
```

图 5-39　Matplotlib 中 figure 的像素密度

这表示，每英寸有 72 个像素点。而我们需要的是 12 个像素点，所以不能使用 Figure 类的默认 size。还记得这个默认 size 是多少吗？直接发答案给助教，前 10 名有神秘礼物哦！

由于 Figure 的 size 是用 inches 度量的，所以我们需要将 12 像素转成 inches，请看示例 5-40，代码与运行结果如图 5-40 所示。

```
1 figure_size = (12/my_dpi, 12/my_dpi)
2 figure_size
```

```
(0.16666666666666666, 0.16666666666666666)
```

图 5-40　像素转成 inches

这样我们就得到了宽和高都是 12 像素的 figure_size 变量。figure_size 的输出是一对圆括号，这是 tuple 类型，目前简单了解即可。

如何使用这个变量，请看下一节。以下是本节要点：

- Matplotlib 使用 inches 作为一张图的度量单位。
- 通过 figure 调用 get_size_inches()方法，可以获取这个 figure 的尺寸。

## 5.3.4　设置 figure 的 size

5.3.3 节中我们用变量 figure_size 存储了 12×12 的 figure 尺寸。通过 subplots()就可以生成一个指定大小的 figure 了，指定大小是通过 subplots()方法的 figsize 参数实现的。

出于最简体验，先不指定 figsize，即使用默认的 figsize 生成一个 figure，请看示例 5-41，代码与运行结果如图 5-41 所示。

这是一个空的 figure，没有图形图像[9]。其尺寸与我们之前 plot 点、线时得到的 figure 的尺寸是相同的。

---

9　如果考虑到 Axes 与坐标轴的话，并不是空的 figure。

下面再体验指定 figsize 参数时的 subplots() 方法，请看示例 5-42，代码与运行结果如图 5-42 所示。

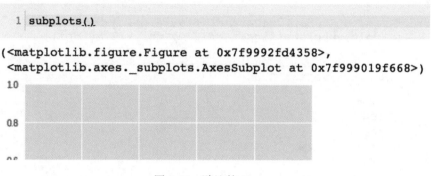

图 5-41　默认的 figsize

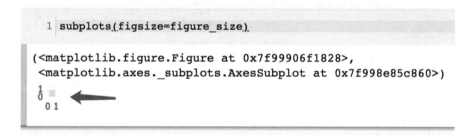

图 5-42　指定 figsize 参数

注意图 5-42 中箭头所示位置，由于 12 像素太小，很容易会被忽略掉，此时用鼠标选择该区域，即可看到被选中的 figure。

5.2.4 节的代码只差最后一行了，这是下一节的内容。

本节要点如下：

- 通过指定 figsize 参数，subplots() 方法可以生成一个指定大小的 figure。
- 如果没有指定 figsize 参数，subplots() 方法将以默认大小生成一个 figure。

## 5.3.5　保存图像

5.2.4 节精准体验像素示例中的最后一行代码的作用是保存图像，但保存的不是包含了坐标轴的整个 figure，而仅仅是大写字母 J。

有童鞋提问了："不是已经将坐标轴设置成 off 了吗？"

这个问题非常好！要回答这个问题，需要以最简体验的方式运行 2 个 Cel，互相对照一下。请看示例 5-43，代码与运行结果如图 5-43 所示。

示例 5-43 代码运行成功后，用鼠标分别选中两个输出图像互相对照看，可以很容易地发现，plt.axis('off')这行代码仅仅是将坐标轴隐藏了，但是坐标轴占用的空间依然在[10]。通过 savefig()方法，保存的只有大写 J 图像而不是整个 figure，虽然名字里有 fig。

```
1  my_dpi = mpl.rcParams['figure.dpi']
2  plt.subplots(figsize=(12/my_dpi, 12/my_dpi))
3  plt.axis('off')
4  plt.imshow(Jdata, cmap='Greys')
5  plt.savefig('J.png')
```

```
1  my_dpi = mpl.rcParams['figure.dpi']
2  plt.subplots(figsize=(12/my_dpi, 12/my_dpi))
3  im = plt.imshow(Jdata, cmap='Greys')
```

图 5-43　坐标轴是否 off 的对照实验

还有一点需要说明，savefig()方法中的参数是'J.png'，这对单引号有什么作用呢？请将这个问题的答案发给助教，不是有奖竞猜，是必须完成的作业哦。

.png 是文件扩展名，如果是本地环境又没有安装 Pillow 的话，可以尝试下 jpg，会报错，在 Colab 上则不会有这种问题，因为 Colab 上已经安装了 Pillow。童鞋们可以尝试其他扩展名。J 是我们可以自由发挥的部分，如 '大写的 J.pgn'也是可以的。

本节只有 1 个要点，就是 savefig()方法。

## 5.3.6　正式认识 plt 与 mpl：Python 包与模块的导入

有不少童鞋都在课下提问："示例代码中经常看到 plt 和 mpl，分别表示什么意思呢？而且有的方法加不加 plt 的效果是一样的，那为什么还要加上呢？"

这些问题都非常好！不仅是主动独立思考，而且尝试去验证和探索。

其实 plt 与 mpl 都是我们的老朋友了，尤其是 plt，从第一个 plot 示例开始我们就已经在使用了。我们现在正式认识下 plt，新建 Notebook，这次不需要像之前的示例那样先运行 pylab 命令，而是直接使用 import 命令，请看示例 5-44，代码与运行结果如图 5-44 所示。

---

10　其实还有更多细节，但与本书主要目标相距太远，在此不再展开。

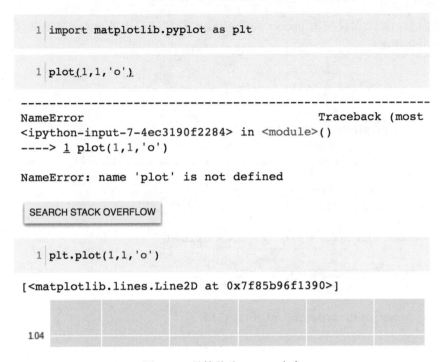

图 5-44　最简体验 import 命令

示例 5-44 中有 3 个 Cell，第 1 个稍后解释，童鞋们观察对比下第 2 个与第 3 个 Cell。

可以很容易地发现，2 个 Cell 之间只差了 plt，并且错误信息给出的也是 name 'plot' is not defined，即"我不认识 plot，没法运行这行代码。"

有童鞋举手了："先等会儿，我捋捋，这貌似哪里不对呀，plot()方法用了这么多次了，咋不认识了！"

这确实与我们之前的经验有点不相符，什么原因呢？

答案就是第 1 个 Cell 中的 import。

我们之前已经掌握了 Python 的一个套路，就是包（package），如 Matplotlib 和 NumPy 都是 Python 包。当需要使用这些包中的方法时，我们需要告诉 Python 是哪个包，这个告诉的动作就是通过 import 这条命令完成的。

有童鞋立即就提问了："不对呀，以前从来没 import 过，不也一直用得好好的嘛？"

确实，以前我们没有亲手 import 这些包，是因为 pylab 魔法命令替我们做了这些工作，不仅替我们 import 包，还对 plot()、imshow()、axis()及其他多个方法进行了简化，因此即使省略了 plt 也能顺利地调用这些方法。

上面说了这么多，只是在解释 import，下面再来体验下 as 的作用，请看示例 5-45，代码与运行结果如图 5-45 所示。

示例 5-45 仍然是 3 个 Cell，注意箭头所示的报错信息，这次是连 plt 也不认识了。

这是因为，如果仅仅使用 import 而没有 as，那么 import 进来的是什么模块，使用的时候就调用什么模块。

```
1  import matplotlib.pyplot
```

```
1  plt.plot(1,1,'o')
```

```
-----------------------------------------------------------
NameError                                    Traceback (most
<ipython-input-2-193697195783> in <module>()
----> 1 plt.plot(1,1,'o')

NameError: name 'plt' is not defined
```

SEARCH STACK OVERFLOW

```
1  matplotlib.pyplot.plot(1,1,'o')
```

```
[<matplotlib.lines.Line2D at 0x7f7b06f91710>]
```

104

图 5-45　未使用 as

matplotlib.pyplot 表示 Matplotlib 包中的 pyplot 模块，而我们使用的 plot()方法就是 pyplot 模块提供的。为了方便理解，还是把 Matplotlib 看作工具箱，而 pyplot 模块则看作是工具箱中的一个格子，plot()方法则是 pyplot 格子里的一个具体工具。

NumPy、Matplotlib 和 Pillow 都不是 Python 自带的工具箱，因此称为第三方 Python 包。

如果每次使用 plot()方法时都要加上 matplotlib.pyplot，则有些麻烦，而通过 as 就可以为 import 进来的模块起个别名、缩写。这个缩写的名字是我们自己指定的，可以不用 plt，用其他的如 p、pl、t、a、b 和 x 都可以，请看示例 5-46，代码与运行结果如图 5-46 所示。

示例 5-46 中，我们将 import 进来的 matplotlib.pyplot 模块 as 成 p，因此调用这个模块中的 plot()方法时，使用的是 p.plot()，plt 仍然是不被识别的。

虽然 as 成什么缩写可以由我们自己指定，但是为了方便交流（小明能轻松看懂别人的代码，别人也能轻松看懂小明的代码），通常使用 plt 而不是其他的缩写。

有了上面的基础，mpl 也就很容易理解了，请看示例 5-47，代码与运行结果如图 5-47 所示。

```
1 import matplotlib.pyplot as p
```

```
1 plt.plot(1,1,'o')
```

```
-----------------------------------------------------------
NameError                                      Traceback (most re
<ipython-input-5-193697195783> in <module>()
----> 1 plt.plot(1,1,'o')

NameError: name 'plt' is not defined
```

SEARCH STACK OVERFLOW

```
1 p.plot(1,1,'o')
```

```
[<matplotlib.lines.Line2D at 0x7f7b046ad1d0>]
```

图 5-46　最简体验 as

```
1 import matplotlib as m
```

```
1 mpl.rcParams['figure.dpi']
```

```
-----------------------------------------------
NameError                                      T:
<ipython-input-5-8d0350f1f89c> in <module>(
----> 1 mpl.rcParams['figure.dpi']

NameError: name 'mpl' is not defined
```

SEARCH STACK OVERFLOW

```
1 m.rcParams['figure.dpi']
```

```
72.0
```

图 5-47　rcParams 方法

示例 5-47 中将 Matplotlib as 成了 m，因此 mpl 则不被识别。

虽然本节篇幅较长，但是内容都很简单，要点总结如下：

- 使用第三方包中的方法时，需要告诉 Python，这个方法是哪个包中的哪个模块，这个告诉的动作是通过 import 命令完成的。
- 直接使用包.模块.方法名() 调用方法比麻烦，所以通常会使用 as 为 import 进来的包、模块指定缩写（别名、小名、花名，爱叫啥叫啥）。
- 为了方便交流，虽然 Python 语法上支持缩写，但是建议童鞋们使用习惯的缩写。

# 5.4　小　　结

本章先简单介绍了数组的概念，再通过示例逐步加深了对数组的理解，然后结合 Matplotlib 使用数组画图。通过前一章与本章的示例，我们逐步体验到了基于数据的编程。

编程是编写代码，几行或几千行代码构成一个特定功能的程序，而程序是通过处理一系列数据来真正完成任务的。人工智能算法的智能之处就在于算法可以从数据中学习，我们下一章将体验这个学习过程。

# 5.5　习　　题

## 5.5.1　基础部分

1. savefig()方法中的参数是'J.png'，这一对单引号有什么作用？
2. 尝试其他分辨率的大写字母，如 36×36。
3. 不使用 pylab 命令，而是自己 import 包和模块，完成上一章的示例。

## 5.5.2　扩展部分

1. 基于数组，plot 其他字母或数字，如 A、X、9。
2. 基于数组，plot 一个 emoji。
3. 不使用 pylab 命令，而是自己 import 包和模块，完成本章的示例。

# 第2篇
# 算法篇

# 第 6 章 最简体验卷积运算

卷积运算（Convolution）是信号处理和图像处理领域中的重要知识，更是当前 DL 算法中最核心的组件之一。

温馨提示，不要从字面意思理解卷积运算，尤其不要把卷积运算中的"卷"和大饼卷一切的"卷"联系起来，这样只会造成干扰。

为了方便理解，本章将引入滑动窗口这个概念，再讲解卷积运算。在体验卷积之前我们先回顾一下维度这个概念。

## 6.1 最简体验维度

### 6.1.1 数组的形状

在 5.1.1 节中提及过维度这个词，当时并没有展开，这是因为本书所倡导的学习方式是从体验中发现并总结理论，而不是先给出抽象的定义，再解释。

现在经过 3 章的代码练习，童鞋们对 list 和 array 都已经熟练掌握了，这时我们再来理解维度就非常轻松而且高效了。代码与运行结果如图 6-1 所示。

示例中的代码我们都已经熟悉到可以闭着眼敲出来了，所以代码本身没啥需要解释的。我们现在关注的是数组本身，更具体地说是数组的排列方式。数组 a1 是 2 行 3 列，a2 是 3 行 2 列，即使没有学习过相关知识，不懂代码，也可以很容易地看出这一点。

$n$ 行 $m$ 列，就是数组的排列方式，也可以称为形状，形状的英文是 shape，所以 NumPy 就提供了 shape()方法来获取数组的形状，代码与运行结果如图 6-2 所示。

我们又一次看到这种类型了，5.3.3 节简单提及过，这是 tuple 类型，现在我们就进一步了解下这种类型。

tuple 类型的数据以一对圆括号包含若干数值，每个数值之间以逗号分隔，形如(0,1,2)，0,1,2 是示例元素，也是 tuple 的 index，即可以通过 shape_a1[index]来获取 shape_a1 这个 tuple 变量中某个 index 元素的值。代码与运行结果如图 6-3 所示。

与前面的解释结合起来，shape_a1[0]得到的是数组 a1 的行数，shape_a1[1]则是数组 a1 的列数。

```
1 %pylab inline
```

Populating the interactive namespace from n

```
1 a1 = np.array([[0,0,0],[1,1,1]])
2 a1
```

array([[0, 0, 0],
       [1, 1, 1]])

```
1 a2 = np.array([[0,0],[1,1],[2,2]])
2 a2
```

array([[0, 0],
       [1, 1],
       [2, 2]])

图 6-1　定义两个 array

```
1 shape_a1 = np.shape(a1)
2 shape_a1
```

(2, 3)

```
1 shape_a2 = np.shape(a2)
2 shape_a2
```

(3, 2)

```
1 shape_a1[0]
```

2

```
1 shape_a1[1]
```

3

图 6-2　数组的形状　　　　图 6-3　tuple 取元素

以上是我们对 5.1.3 节要点的回顾与进一步理解。

除了用 np.shape()方法，还可以直接调数组的 shape 属性，代码与运行结果如图 6-4 所示。

以上是对之前知识的回顾，要点只有一个，就是 tuple 类型。除了数组的 shape，还有很多 Python 方法的参数和属性的值也是 tuple 类型，如 5.3.3 节中的 figsize。tuple 类

型数组的取元素操作（slicing）与 list 和 array 是一致的，都
是通过一对方括号中的索引值得到的。

　　如果学习本节的过程非常轻松顺畅，那么简单休息一下就
可以继续下一节的学习了。如果觉得不够轻松顺畅，建议先回
顾之前的章节，不要在旧知识未充分消化前，着急学习新知识。

## 6.1.2　最简体验数组维度

　　上一节中我们定义了两个变量 a1 与 a2。两个变量的 shape
和元素的值都不同，但是维度相同，都是 2。

　　一维数组的英文是 1-dimensional array，可以简写成 1D
array；二维数组则是 2D array，3D 电影中的 D 也是这个含义。

　　NumPy 提供了相应的方法和属性来获取数组的维度，代码与运行结果如图 6-5 所示。

```
1 a1.shape
```

```
(2, 3)
```

```
1 a2.shape
```

```
(3, 2)
```

图 6-4　数组的 shape 属性

```
1 np.rank(a1)
```

```
rning: `rank` is deprecated; use the `ndim` attribute or function instead.
```

ble-click (or enter) to edit

```
] 1 a2.ndim
```

```
2
```

图 6-5　数组的维度

　　Colab 的输出没有直接显示出方框所示信息，需要用鼠标拖动箭头所示的滚动条才能
看到。

　　`rank` is deprecated; use the `ndim` attribute 的意思是，rank()方法已经不建议使用了，
请使用 ndim 属性来获取数组的维度。不管用哪种方式，两个数组的维度都是 2。

　　有童鞋举手了："rank 和 ndim 都需要掌握吗？"这个问题非常好，有重点地学习和
练习可以显著提升学习效率和效果。

　　ndim 是需要掌握的，rank 仅需要了解即可，以防在一些资料中出现了 rank 这个词还
不知道是什么含义。而且一些包和模块的提示信息中也可能会使用 rank 这个词，如某行
代码错误时 TensorFlow 的提示信息。

小明童鞋举手了："二维就是指行与列吗？"

非常好！及时确认自己的理解，是非常好的学习习惯！

在以上示例中，二维是指行与列，第 1 维是行（index 为 0），第 2 维是列（index 为 1），这就是为什么 5.1.1 节中可以通过[:,0]获取数组中 index 为 0 的列中的所有元素，即所有横坐标。

我们定义一个新的数组，代码与运行结果如图 6-6 所示。

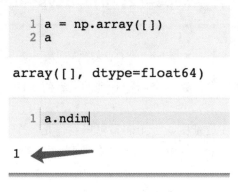

图 6-6　NumPy 数组最少是一维

NumPy 中的数组最少是一维，即使是一个空数组，其维度也至少是 1。

大白童鞋举手了："维度至少是 1，这说明一个空数组的维度也可能比 1 大？"

问得非常好！空数组是指元素为空，但是维度与维度个数无关。代码与运行结果如图 6-7 所示。

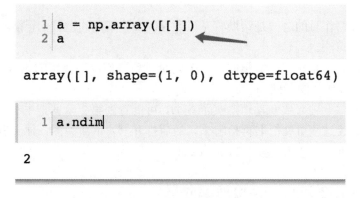

图 6-7　二维空数组

注意，这次 np.array()方法中是两对方括号，因此得到的是二维空数组，其 shape 为(1, 0)，即 1 行 0 列。

可以借用之前嵌套 list 的思路来理解，a=[[]]，a 是 1 个 list，这个 list 中有 1 个元素。

- a[0]是列表 a 的元素，而这个元素也是 1 个 list；

- a[0]表示这个 list 中元素个数为 0。

基于这个理解，还可以继续扩展，代码与运行结果如图 6-8 所示。

```
1  a = np.array([[],[]])
2  a
```

```
array([], shape=(2, 0), dtype=float64)
```

图 6-8　两行 0 列空数组

示例中仍然是一个空数组，是一个两行 0 列的空数组，因此 shape 为(2, 0)。

以下是要点总结：

- 数组的一个重要属性是维度，一个向量可以看作是一个一维度数组。
- $n$ 行 $m$ 列的数组是 1 个二维数组，这个数组的 ndim 属性值为 2。
- 1 个空数组的维度至少是 1，也可能是更高维度。

本节仍然是对原有知识的总结和提炼，对前面章节都认真学习并练习的童鞋，已经体验到了轻松学习编程的感觉了吧。感觉不够轻松的童鞋，很可能是因为没有掌握好节奏，没有养成及时复习和总结的习惯，所以，现在赶快听取老先生的建议，温故知新吧。

# 6.2　最简体验向量

本书的主要写作目的之一是帮助零基础甚至"负"基础的童鞋们，能够轻松入门人工智能·深度学习算法。

众所周知，算法是离不开数学的，本节将带领童鞋们以写代码的方式回顾（重学）、体验 DL 所需线性代数的基础知识。

PS：据说有些童鞋兴致勃勃地购买了花书，可惜看到第 2 章就把书扔掉了，经过本节的学习后，可以让这些童鞋把书再拾起来，然后打开书，重新阅读，你会发现以前犹如读天书般的文字现在都可以看懂了。So，开始！

## 6.2.1　从 1+1=2 开始，轻松理解向量

$1 + 1 = 2$，这是个幼儿园小明友都不可能答错的题，也是我们日常生活中用到最多的数学形式。

"别整幼儿园的，你敢来道小学的题吗？"

那来一道小学的题，150-135=15，150-160=-10。

再给这几个数赋予一些生活气息——体重，下面就是老坏"冒着生命危险"来举例了。

老坏与坏妈结婚后体重不知不觉就涨起来了，连续两年的体检报告都说体重超重，于是商量一起减肥。经过半年的努力，老坏从 150 斤减到了 135 斤，后面的那组数据就不能解释了。

……（时间在流趟）

跪了 1 个小时的主板后，坏妈才让老坏回来继续码字。

不管是 1+1，还是 150-135，我们都是一次计算一个数，也代表一个人的体重变化。

……（光阴在轻舞）

又跪了 1 个小时的 CPU，回来继续码字。

如何才能一次计算两个人，或者多个人的体重呢？那就是向量。

公式如下：

体重变化量=体重新–体重旧

其中，$\text{wold} = \begin{bmatrix} 150 \\ 150 \end{bmatrix}$，$\text{wnew} = \begin{bmatrix} 135 \\ 160 \end{bmatrix}$

这里的 150、135 与数值型 list、array、tuple 中的单个元素一样，都是再普通不过的数，这样的数叫标量（scalar）。

将这些数值按列组合起来，形如 $\begin{bmatrix} x_1 \\ x_2 \\ \dots \\ x_n \end{bmatrix}$，称为向量（vector），wold 是一个向量，wnew

是另一个向量。向量中的每个数，如 150、135、$x1$，称为向量的元素，也叫向量的分（fēn）量（components），向量的每个元素都是标量。向量中元素右下角的下标是元素的索引，$x1$ 表示向量 $x$ 的第一个元素。

以上是数学领域中的概念，在编程实践中，一个向量通常用一个数组表示，代码与运行结果如图 6-9 所示。

```
1  w_new = np.array([135,160])
2  w_new[0]
```

135

图 6-9　用一个数组表示一个向量

在数学中，向量 $w$ 的第 1 个元素（135）是 $w1$，在代码中则是 w[0]。虽然不少童鞋已经很熟悉了，但是这一点很重要，所以又重复了一遍，以防童鞋混淆。

示例中用于表示向量的数组 w_new 是一个一维数组，在数学上是一列，在代码输出中是一行，代码与运行结果如图 6-10 所示。

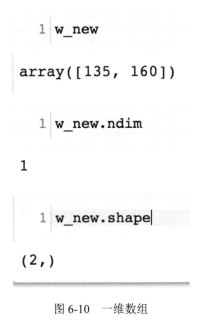

图 6-10　一维数组

示例代码中的每个字符我们都已经通透掌握了，但仍然有一点需要注意，即第 3 个 Cell 中的 shape 是 (2,) 圆括号中只有 1 个数与 1 个逗号，表示该数组的维度为 1。

注意，(2,)与(2,0)是两个 shape，含义不同。

以下是本节要点：

- 可以用 NumPy 数组表示数学中的向量，1 个向量对应 1 个一维数组。
- 数学上，向量的第一个元素通常以 $x1$ 表示，NumPy 中一个数组的第 1 个元素的 index 为 0。
- 两个 shape，(2,)与(2,0)含义不同，(2,)的维度是 1，(2,0)的维度是 2。

## 6.2.2　最简体验向量运算

最简单的运算是 1+1=2，是两个标量的加法。

小明举手了："两个向量之间可以直接进行加、减、乘、除吗？"

这个问题非常好，有没有童鞋来尝试回答一下这个问题呢？

另一位童鞋直接给出了示例，代码与运行结果如图 6-11 所示。

运算结果中两个数的计算原理与含义在前一节中已经详细解释过了，如果忘记了，请花 30 秒的时间回顾一下哦。

```
1  w_new = np.array([135,160])
2  w_old = np.array([150,150])
3  w_new - w_old
```

```
array([-15,  10])
```

图 6-11　向量减法

示例中有 3 行代码，前两行是我们已经很熟悉的操作了，即定义 numpy.array 类型的变量。第 3 行就是向量的减法了，看起来没什么难度，对不？就是两个变量之间一个减号而已，确实如此。这是因为我们已经熟练掌握了 list 和 array，积累了丰富的亲身体验，在此基础之上再学习新的知识，即使是数学中的抽象概念，也会非常轻松和高效。

另一位童鞋的尝试报错了，但是依然很有价值，我们一起来看下。代码与运行结果如图 6-12 所示。

```
1  [135, 160] - [150, 150]
```

```
---------------------------------------------------------------------------
TypeError                                 Traceback (most recent call last
<ipython-input-18-9a33f1a8bf06> in <module>()
----> 1 [135, 160] - [150, 150]

TypeError: unsupported operand type(s) for -: 'list' and 'list'
```

SEARCH STACK OVERFLOW

图 6-12　list 不支持向量减法

图 6-12 中方框所示错误信息的意思是，list 不支持向量减法，所以我们需要以 numpy.array 的方式来存储这些数据。

虽然这行代码无法运行，但是这个探索、尝试和体验的过程非常重要，是真实学习和研究过程中的重要组成部分。有计划地试错、及时分析与总结、与同行进行专业交流，都是提高专业能力的重要途径。

即使两个 list 中的元素都是数值型也无法直接进行算数计算，而需要将要处理的数据封装成 numpy.array 类型才能完成运算。

封装也是码农口中的高频词，如 将 list 类型的变量 list_x 封装成 numpy.array 类型的变量 arr_x，这句话翻译成代码就是 np.array(list_x)。更口语化的表达是，把 list_x 包成 array。

以下是本节的要点总结：

- 向量运算是数学中的概念,以 Python 代码将理论转成实践则是 numpy.array 的运算;
- 封装这个词有多种含义,我们最简体验了其中一种。

## 6.2.3　向量乘法

上一节中小明提的问题是向量的加、减、乘、除,而我们只体验了减法。加法是作业。下面我们一起体验一下乘法与除法,代码与运行结果如图 6-13 所示。

```
1 x = np.array([1,2])
2 w = np.array([3,5])
3 x * w
```

```
array([ 3, 10])
```

```
1 w / x
```

```
array([3. , 2.5])
```

图 6-13　向量乘法与除法

示例中有两个 array、w 和 x,每个 array 都是两个元素。

两个 array 相乘的具体过程是,w 中 index 为 0 的元素(x[0])与 x 中 index 为 0 的元素(w[0])相乘得到乘积 product_0;两个 array 中 index 为 1 的元素,x[1]与 w[1]相乘得到乘积 product_1,最后由两个乘积作为元素组成新的数组 array([product_0,product_1])。

这个过程我们可以自己实现,代码与运行结果如图 6-14 所示。

```
1 product_0 = w[0]*x[0]
2 product_1 = w[1]*x[1]
3 array([product_0,product_1])
```

```
array([ 3, 10])
```

图 6-14　向量乘法详细过程示意

上述过程用代码描述可以写成以下形式:

```
x*w = [x[0]*w[0], x[1]*w[1]]
```

当然,这个计算的具体过程不需要我们自己来做,NumPy 已经帮我们做了,而且做得更快、更好。

　　Python 中，星号*表示乘法运算，斜杠/表示除法运算。

　　除了星号*，社区中的代码也常常使用 multiply() 进行运算，代码与运行结果如图 6-15 所示。

```
                                              1  np.multiply(x, w)

array([ 3, 10])
```

　　得到的结果是一致的。不难发现，向量的加、减、乘、除其实是对向量中每个对应元素分别进行加、减、乘、除，对应的意思是两个向量中相同的 index 元素。

图 6-15　使用 multiply()进行运算

　　小明又举手了："相同的 index 应该有个前提，就是两个向量中元素的 shape 相同，如果不同该怎么做呢？"

　　这个问题非常好！有没有童鞋来尝试回答这个问题呢？只要给出相关代码，体现自己的思考，即使不能跑通，也给奖励哦！

　　小坏分享了他的尝试，代码与运行结果如图 6-16 所示。

```
1  x = np.array([1, 2, 3])
2  w = np.array([3, 1])
3  x * w
```

```
---------------------------------------------------------------------------
ValueError                                Traceback (most recent call last)
<ipython-input-28-56c270a66309> in <module>()
      1 x = np.array([1, 2, 3])
      2 w = np.array([3, 1])
----> 3 x * w

ValueError: operands could not be broadcast together with shapes (3,) (2,)
```

SEARCH STACK OVERFLOW

图 6-16　元素个数不同

　　非常好，虽然代码运行报错，但是小坏童鞋的理解是正确的。

　　错误信息也很清楚，两个变量的 shape 不同，x 有 3 个元素，w 有 2 个元素。这种情况下，直接进行乘法运算是不支持的。这就要用到本章开篇时提到的一个技术了。什么技术？有奖竞猜，先到先得。提示一下，当时提及这个技术时，使用了两个术语。

　　有的童鞋已经答上来了，记得联系助教领取奖品哦！在没错，就是滑动窗口，这是我们下一节的主角。

　　在进入下一节之前，先来总结一下本节的要点：

- 相同 shape 的两个 array 相乘，是 array 中的每个对应位置(index 相同)的元素分别相乘，乘积组成新的 array；
- Python 中，乘法运算用星号*表示，除法运算用斜杠/表示；

- 除了星号*，也可以使用 multiply()方法进行乘法运算。

# 6.3 最简体验一维卷积

上一节中通过一维 array 实现了向量乘法，用代码可以写成以下形式：

```
x*w = [x[0]*w[0], x[1]*w[1]]
```

如果两个 array 的 shape 不同，应该怎么做呢？

以最简单体验原则很容易就能得到这样的思路：先体验一维数组，再体验更高维数的 array。

## 6.3.1 滑动窗口

两个一维 array 的 shape 不同，其实就是元素个数不同，直接对两个 array 使用 multiply() 方法会报错，上一节中我们已经体验过了。

解决方法很简单，是解决复杂问题的常用套路，即，分解、分步。

具体到 shape 不同的 array 相乘的问题上，就是将相乘的过程分解为对应元素一一相乘，代码与运行结果如图 6-17 所示。

```
1  import numpy as np
2  x = np.array([1, 2, 3])
3  w = np.array([3, 1])
4  product_00 = w[0]*x[0]
5  product_11 = w[1]*x[1]
6  arr0 = np.array([product_00,product_11])
7  arr0
```

```
array([3, 2])
```

图 6-17 对应元素一一相乘

x、w 是两个一维数组，对应元素是指 x 中 index 为 0 的元素与 w 中 index 为 0 的元素相对应，其乘积存储在变量 product_00 中。

x 中 index 为 1 的元素与 w 中 index 为 1 的元素相对应，其乘积存储在变量 product_11 中。

以两个乘积构成一个新的数组存储变量 arr0 中，就是第一步的运算结果了。

显然，x、w 的相乘并没有完成，仅仅是完成了第一步，在进行下一步计算之前，我们先通过示意图 6-18 加深理解第一步的计算过程。

图 6-18 的 3 个方格中字号较大的数字表示数组 x 的 3 个元素。

图 6-18 中阴影处字号较小且处于下标位置的数字表示数组 w 的 2 个元素。

w 中每个元素都位于 x 中对应元素的右下角，以下标（subscript）的形式呈现，图 6-18 中箭头所示下标是此时的 w[1]。

w、x 相乘的第一步可以直观地看作阴影处方格中的每个元素与其下标相乘。

有了这个基础，就可以便捷地进行 w、x 相乘的第二步了，即将阴影部分右移一格（向右滑动一步），如图 6-19 所示。

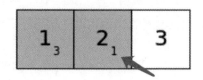

图 6-18　示意图-窗口初始位置

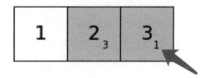

图 6-19　示意图-窗口向右滑动一步

此时，x 中 index 为 1 的元素与 w 中 index 为 0 的元素相对应，x 中 index 为 2 的元素与 w 中 index 为 1 的元素相对应，如图 6-19 中箭头所示。

通过阴影部分的移动（滑动），可以实现 shape 不同的 array 相乘，同时这个阴影看起来像一个窗口，因此称为滑动窗口。

图 6-18 到图 6-19 的过程表示窗口由 x[0]、x[1]的位置滑动到了 x[1]、x[2]的位置。

窗口的长度等于 w 的长度，本例中数组 w 的长度为 2，因此在阴影始终覆盖 2 个方格。

很多领域中都有滑动窗口这个术语，但它们的含义不尽相同。目前我们只需要掌握其字面意思即可，即滑动的窗口。

数组 w 是窗口，在数组 x 之上滑动，由于 x 的长度为 3，w 的长度为 2，所以只需要滑动一次（也称滑动一步，one step）。

以下是本节的要点总结：

- 本节中，参与乘法运算的两个数组中元素的对应位置由窗口决定，窗口覆盖区域内对应位置的元素分别运算。

- 将概念、流程、数据以图形图像的形式表达（represented visually）是一种非常高效的沟通方式。数据可视化分析已经普遍应用在当前社会经济活动中的多个领域。但是，当前知识点的可视化远远落后于经济商业中的数据可视化。同时，在可视化中存在大量不必要的花哨元素，如酷炫的背景、复杂的装饰，这些额外的元素对知识与信息的传播反而是干扰，希望童鞋们可以在今后的学习、工作中力求精简、高效而非繁复、卖弄。

- 通过窗口的滑动，可以将两个不同长度的数组进行乘法运算，但本节中只给出了第一步的代码，第二步操作（即窗口滑动到右侧后的对应元素相乘）的代码实现请童鞋们自行尝试，一定要立即动手哦！

喜欢快进的童鞋们注意了，本节与下一节内容极其重要。因此，一定要将概念理解通透，代码达到"闭着眼睛也能敲得飞起"的程度，然后好好休息放松一下，再进入下一节的学习。

## 6.3.2　一维卷积

卷积运算是深度学习算法中最核心、最基础的概念，参与运算的通常为高维数组（如四维）。但是对于纯小白，很难直接轻松理解高维数组的卷积运算，因此我们先从卷积运算的最简版本进行体验，再逐步增加维度，最终完全掌握。

卷积运算的最简版本是指参与运算的是一维数组，得到的结果也是一维数组，因此称为一维卷积。代码与运行结果如图 6-20 所示。

在进行卷积运算之前我们先将上一节的第二步操作完成，代码与运行结果如图 6-20 所示。

```
1 product_01 = w[0]*x[1]
2 product_12 = w[1]*x[2]
3 arr1 = np.array([product_01,product_12])
4 arr1
```

```
array([6, 3])
```

图 6-20　w、x 数组相乘的第二步

忘记了 w、x 和 arr0 的童鞋请回顾上一节示例 6-17，因为我们现在需要将 arr0 与 arr1 组合在一起。具体的组合分为以下两步：

（1）对 arr0、arr1 分别求和。

（2）以 2 个数组的和构成一个新的数组。

先来完成第一步，代码与运行结果如图 6-21 所示。

```
1 print('arr0.sum() = product_00 + product_11 = ', product_00, '+', product_11, '=', np.sum(arr0))
2 print('arr1.sum() = product_01 + product_12 = ', product_01, '+', product_12, '=', np.sum(arr1))
```

```
arr0.sum() = product_00 + product_11 =  3 + 2 = 5
arr1.sum() = product_01 + product_12 =  6 + 3 = 9
```

图 6-21　sum()方法

示例 6-21 以写代码的形式，将前面示例 6-17 与示例 6-20 中几个变量的关系联系在了一起，并整体呈现。

以 arr0 为例，数组中有两个元素：product_00 与 product_11。对该数组使用 sum()方法，就是将 product_00 与 product_11 相加，运算结果是一个标量 5。

对 arr1 进行同样的操作，运算结果为 9。

在充分理解前面内容的基础上，可以轻松平滑地进行下面的操作了，即卷积运算。代码与运行结果如图 6-22 所示。

```
1 | np.array([arr0.sum(), arr1.sum()])
```

```
array([5, 9])
```

```
1 | np.correlate(x, w)
```

```
array([5, 9])
```

图 6-22　correlate()方法

以 arr0、arr1 各自的和构成一个新的数组，就是 x、w 这两个数组进行卷积运算的最终结果，array([5, 9])。

DL 中的卷积运算（Convolution）对应的是数学中的 Correlation，因此，NumPy 提供的用于完成这种运算的方法就叫 correlate()，代码与运行结果如图 6-22 所示。

建议纯小白不要把时间和精力放在名字问题上，只需要记住一点，本节中的一维卷积可以通过 NumPy 的 correlate()方法进行运算即可。

将上一节与本节的内容连在一起，就是一维卷积的完整计算过程，也是本节的要点。以 x、w 这两个数组为例，这个过程可以总结成以下 3 步：

（1）w 作为窗口，在初始位置（w[0]对应 x[0]）进行元素乘法运算（element-wise multiplication），对得到新的数组后求和。

（2）w 向右滑动一步，在新的窗口位置上进行元素乘法运算，对结果求和。

（3）以上述步骤中得到的结果作为元素，组成新的数组，就是 x、w 这两个数组的卷积运算结果。

需要说明的是，以上步骤仅仅是一维卷积，更高维数的卷积（如二维卷积）的计算过程会多一些步骤，但是基本原理相同。

我们亲手实现了一维卷积，这是一个巨大的成就！确认掌握了本节要点后，好好休息一下犒劳犒劳自己哦！

# 6.4　卷积得到的是什么

上一节我们亲手实现了一维卷积,课下有童鞋向助教提问:"通过卷积运算得到的 array 有什么作用？"

在 DL 语境下,卷积运算的结果是算法学习到的特征。那么问题来了,什么是特征呢？

## 6.4.1　特征与学习

一个人的身高、体重和年龄，是这个人的特征。

一只猫的耳朵、鼻子和尾巴，是这只猫的特征。

一张图中，不同颜色和不同亮度构成了图中的各种物体，这个物体在这张图中的颜色和亮度就是其特征。

CV（Computer Vision，计算机视觉）的任务是对图像进行 high-level 的理解。给 CV 算法一张图，通过算法就可以识别出这张图中包含的是猫还是狗，是行人还是汽车。

以自动驾驶为例，无人车通过摄像头采集图像，将图像传给 CV 算法，这时 CV 算法不仅要识别出图中是行人还是其他车辆，还要识别出这个人、车或其他物体与自己的距离、方向，从而决定是正常行驶，还是加速、减速、刹车或其他操作[1]。

这个 CV 任务还有个通俗的名字，即语义理解。

对咱们人类而言这个过程非常自然、普通，每次我们外出时都在不断地重复这些识别和判断。但是对于计算机程序而言，这是一个巨大的挑战。

我们已经初步掌握了编程的知识，至少认识到了一点，就是计算机程序是人类提前写好的代码和指令，比如在什么位置画一条什么颜色的线，对什么数据做怎样的处理，给老师、长辈发一条什么信息，这些都是通过编程语言精准描述的。可以编程的前提是，可以使用人类的自然语言（就是我们平时说的话，书上写的文字）把一个问题、一个任务讲清楚。

传统的编程其实是将自然语言翻译成代码，例如：

- 自然语言：在（0,0）处画一个点。
- 代码：plot(0,0,'o')。

这个例子中，自然语言与代码一一对应，可以精准地告诉计算机我们需要它做什么。因此，想通过传统的编程方式，让程序识别一只猫或一辆车，前提是可以用自然语言精准地描述这只猫或这辆车。

童鞋们可以自行尝试一下，用自然语言精准地描述什么是一只猫，如颜色、大小、尾巴的长度，头、身子、爪子，长什么样是猫，长什么样不是猫。你最终会发现，基本上是不可能做到的。那么，DL 是如何做到的呢？学习！

假设我们要开发一个程序，这个程序专门用来识别图片中的猫，因此这个程序的名字就叫阿法喵。

以下步骤[2]仅仅用于对人工智能算法的学习过程建立初步的直观感受：

（1）给阿法喵一千张[3]含有猫的图，告诉阿法喵，这是猫。

（2）给阿法喵一千张没有猫的图，告诉阿法喵，这些图里没有猫。至于一只猫具体是什么特征，我们并没有也没法告诉阿法喵。

阿法喵先看一张有猫的图，再看一张没有猫的图，找到两张图的区别，提取一些猫的特征；看一张黑猫的图，再看一张白猫的图，找到两张图中的相同之处，再提取一些猫的

---

1　实际过程会更加复杂，此处仅仅是为了说明 CV 算法提取特征的含义。

2　通常情况下，DL 算法真实训练过程中并没有先学习几张图再建立知识库的步骤，而是直接对模型参数初始化；正确率的计算要对数据集划分，如 training set、dev set 和 test set。

3　也可能是几万甚至几千万张图。

特征；然后以这些特征建立自己的知识库（W）。

（3）给阿法喵看一张有猫的图，让它猜图里有没有猫，猜对了就给一块小鱼干，猜错了就踢它一脚。每次猜错，阿法喵都会用新学到的知识更新自己的知识库。这就如同我们作业、练习、考试中做错了题就要对照着书和答案看自己哪个知识点没理解，没掌握，补上这个知识点。

（4）不断重复上述过程，直到阿法喵的正确率达到要求。假设我们定的要求是 95%，那么，1000 次测试，猜错的次数不能超过 50 次。

本节旨在为童鞋们建立对 DL 算法学习过程的直观感受，因此没有要点。

## 6.4.2　特征的组合

上一节以春秋笔法简易描述了阿法喵如何学习识别一张猫的图片。其中有一个细节没有展开，即阿法猫从图片中学习到的知识，提取到有关猫的特征具体长什么样。为了说明这个问题，本节给阿法喵一个新任务，识别人脸。

为了简化计算，首先需要将人脸图片剪裁成统一的尺寸，以灰度图的格式进行处理[4]。

图 6-23 中有 24 张人脸，以箭头所示这张人脸为例，如何让阿法喵识别这张人脸呢？

首先要想一下，我们平时是如何识别人脸的呢？主要是看五官、肤色，不能只看发型，对不？五官的特点及相对位置都是我们要提取的这张人脸的特征。

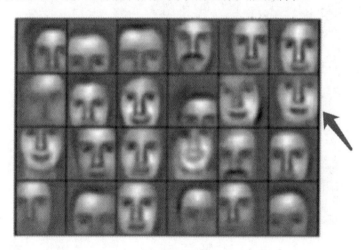

图 6-23　人脸

图 6-24 中有 32 张五官的局部图，以箭头所示的鼻子为例，从图像的角度看，一个人的鼻子是由长短不一、方向各异的线条组成，即由横向、纵向、30°、60°、90°不同的角度、方向和亮度的线条所组成。

---

4　6.4.2 中的图片截取自 Deeplearning.ai，C1W4L05，Why Deep Representations，网址为 https://youtu.be/5dWp1mw_XNk。

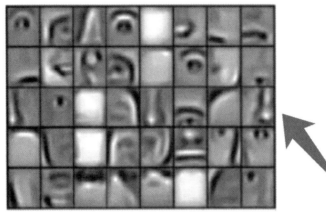

图 6-24　五官局部

如果没有前面两张图，而只看图 6-25，即使是人工智能专家也没法判断出这是组成鼻子轮廓的线条。但是结合前面两张图，阿法喵就可以通过不同的线条组合成局部的五官，再通过五官各自的特征及五官相对位置构成的整体特征识别一张人脸[5]。

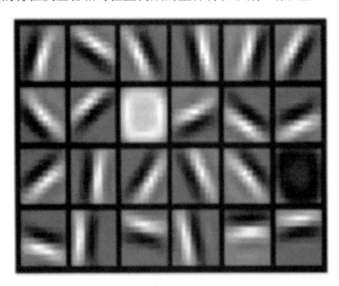

图 6-25　线条

那么问题来了，如何才能识别这些基本的线条呢？请看下一节。

爱学习的小坏举手了："下课了？本节的要点还没有总结呢~"

本节旨在为童鞋们建立特征学习过程的直观感受，因此没有要点。

---

5　这一过程通过深度卷积神经网络实现，浅层识别线条，深层识别五官直至整体。

## 6.4.3 最简体验特征

参考视频再阅读本节可以提高效率，发送 ai643 到微信公众号"AI 精研社"，可获取视频链接。

上一节中我们将一幅人脸图像的识别过程最终转换成了不同线条的识别，这些线条共同构成了某个具体部位（如鼻子）的轮廓。这些构成轮廓的线条正好是这些部位的边缘[6]，因此识别这些线条的操作称为边缘检测（edge detection）。

在 Chrome 浏览器中打开以下 URL（在微信公众号"AI 精研社"中发送 ai601，即可获取该 URL）：

https://colab.research.google.com/github/MachineIntellect/DeepLearner/blob/master/ai-601.ipynb。

然后选择 Runtime→Run all 命令，效果如图 6-26 所示。

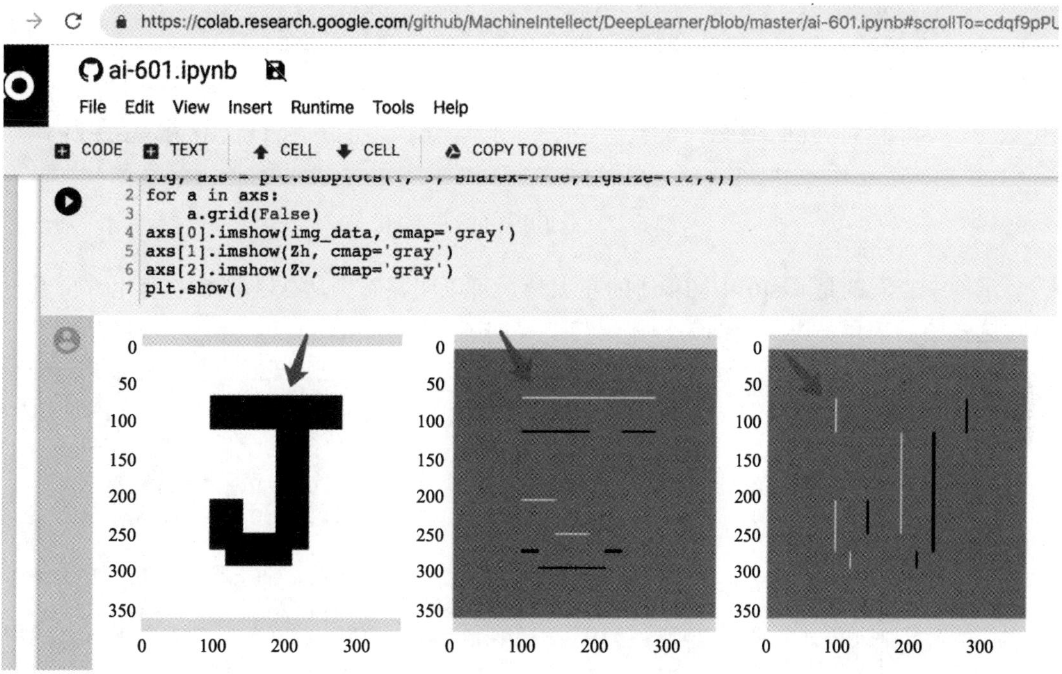

图 6-26 边缘检测

示例输出了 3 张图，从左到右分别为 axs[0]、axs[1]和 axs[2]。

axs[0]显示的是原始图片，也正是我们上一章生成的图片大写字母 J。与之前有一点不

---

6 6.4.3 节的示例灵感来自于 Deeplearning.ai，C4W1L02，Edge Detection Examples，网址为 https://www.youtube.com/watch?v=XuD4C8vJzEQ&t=110s。

同，这张图的分辨率不是 12×12，而是 360×360，从坐标轴上可以看到。

　　axs[1]、axs[2]则是对原始图片分别进行了两种不同的卷积运算得到的结果。两种卷积运算的不同之处是窗口 w 的值不同，这一点后续章节会详细展开。

　　大写字母 J 的第一笔是一横，图 6-26 中的这个横是黑色的，背景是白色的，从上向下，由白色到黑色的转换处就是这个横的边缘，即 axs[1]箭头所示位置灰色背景上的白色线条。

　　axs[1]箭头所示位置的这个横，即从左向右由白色到黑的转换处的边缘。

　　为了进一步体验边缘，我们直接查看生成这些图像的数据，代码与结果如图 6-27 所示。

```
1  img_data[60:69,90:99]
```

```
array([[255, 255, 255, 255, 255, 255, 255, 255, 255],
       [255, 255, 255, 255, 255, 255, 255, 255, 255],
       [255, 255, 255, 255, 255, 255, 255, 255, 255],
       [255, 255, 255, 255, 255, 255, 255, 255, 255],
       [255, 255, 255, 255, 255, 255, 255, 255, 255],
       [255, 255, 255, 255, 255, 255, 255, 255, 255],
       [255, 255, 255, 255,   0,   0,   0,   0,   0],
       [255, 255, 255, 255,   0,   0,   0,   0,   0],
       [255, 255, 255, 255,   0,   0,   0,   0,   0]], dtype=uint8)
```

图 6-27　axs[0]中 J 的左上角

　　示例中查看的是 axs[0]中图像 J 的左上角，可以明显看到从 255 到 0 的变化。再看一下对这张图卷积运算得到的结果，代码与结果如图 6-28 所示。

```
1  Zh[60:69,90:99]
```

```
array([[  0.,   0.,   0.,   0.,   0.,   0.,   0.,   0.,   0.],
       [  0.,   0.,   0.,   0.,   0.,   0.,   0.,   0.,   0.],
       [  0.,   0.,   0.,   0.,   0.,   0.,   0.,   0.,   0.],
       [  0.,   0.,   0.,   0.,   0.,   0.,   0.,   0.,   0.],
       [  0., 255., 510., 765., 765., 765., 765., 765.],
       [  0., 255., 510., 765., 765., 765., 765., 765.],
       [  0.,   0.,   0.,   0.,   0.,   0.,   0.,   0.,   0.],
       [  0.,   0.,   0.,   0.,   0.,   0.,   0.,   0.,   0.],
       [  0.,   0.,   0.,   0.,   0.,   0.,   0.,   0.,   0.]])
```

图 6-28　axs[1]中的左上角

　　这次查看的是图 6-26 中 axs[1]（中间的图）左上角箭头所示的灰色背景上一条白线的左端，这条白线就是通过对原始图像（大写 J）进行卷积运算后提取到的特征，从白过渡到黑的边缘，360×360 个像素中的两行关键像素（大写 J 的第 1 笔，即横的上边缘）。

有童鞋举手了："在第 5 章中，灰度图是通过从 0～1 的数值表示的，为什么这里有 255，还有 765 呢？"

这个问题非常好！是我们下一节的要点。进入下一节之前，先来总结一下本节的要点：

- 边缘检测是 CV 算法对图像进行语义识别的第一步，基于边缘构成局部的轮廓（如人的鼻子、猫的尾巴或车的轮胎），最终可以达到整体识别的效果（如一个人、一只猫或一辆车）。
- 通过卷积运算可以从原始图像的像素中提取出边缘。
- 在灰度图中，边缘是指从黑到白或从白到黑的边界[7]。

## 6.4.4　归一化 Normalization

上一节末尾处有童鞋提问，为什么第 5 章中的灰度图是从 0～1，而上一节中是从 0～765。其实这还不是数据的全貌，我们还没有体验过从黑到白的边界，代码与结果如图 6-29 所示。

```
1  Zh[105:115,90:99]
```

```
array([[   0.,    0.,    0.,    0.,    0.,    0.,    0.,    0.,    0.],
       [   0.,    0.,    0.,    0.,    0.,    0.,    0.,    0.,    0.],
       [   0.,    0.,    0.,    0.,    0.,    0.,    0.,    0.,    0.],
       [   0.,    0.,    0.,    0.,    0.,    0.,    0.,    0.,    0.],
       [   0.,    0., -255., -510., -765., -765., -765., -765., -765.],
       [   0.,    0., -255., -510., -765., -765., -765., -765., -765.],
       [   0.,    0.,    0.,    0.,    0.,    0.,    0.,    0.,    0.],
       [   0.,    0.,    0.,    0.,    0.,    0.,    0.,    0.,    0.],
       [   0.,    0.,    0.,    0.,    0.,    0.,    0.,    0.,    0.],
       [   0.,    0.,    0.,    0.,    0.,    0.,    0.,    0.,    0.]])
```

图 6-29　从黑到白的边界

其中，-765 才是最小值，这是由以下两个因素得出的结果：

- 这次的原始图像是从文件中读取到的[8]，因此默认值是 0～255。cmap='gray'的颜色方案中，255 表示白色，0 表示黑色。之间的数值表示白色到黑色之间的灰度，越接近 255 则颜色越浅，越接近 0，则颜色越深。
- 因为我们使用了卷积运算，对若干[9]个 255 进行乘或加，与 w 中值为 1 的元素相乘得到的是正数，-1 则是负数。plt()方法在将一个数组转成一张图时会智能地从这个

---

7　实际检测中会更加复杂，如 1 到 0 的边界处是边缘，0.5 到 0 的边界处也是边缘，但是初学者此处暂不需要展开。
8　细节还涉及 Pillow 的 open()方法与 convert()方法，不再展开。
9　是 3 个 255，因为 kernel 是 3 个 1 或 3 个-1，但目前还没有讲到 kernel，因此暂不展开。

数组中找到最小值和最大值，在 cmap='gray'的颜色方案中，最大值 765 表示白色，最小值-765 表示黑色，中间的 0 是灰色。

通过 get_clim()方法可以获取当前图像的最大值和最小值，代码与结果如图 6-30 所示。

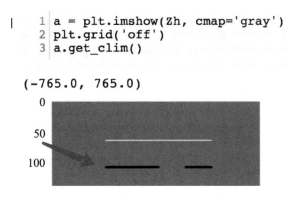

图 6-30　当前图像的最大值和最小值

Cell 的输出为(-765.0, 765.0)，即当前图像的最小值为-765，最大值为 765。箭头所示位置的黑色边缘线是字母 J 的第一笔横的下边缘，也正好是上个示例中-765 的部分。

虽然 plt()方法自动识别了颜色的取值范围，但是对咱们人类而言还是会有所干扰，一会儿是 0～1，一会儿是 0~255，一会儿又是-765～765。为了统一数值表示，我们将后两种取值范围等比例压缩成 0~1，这个操作称为归一化，具体过程分为以下 3 步：

（1）以最大值与最小值之差作为分母，765-(-765) = 1530。

（2）以每个元素的值与最小值之差作为分子，以箭头所示的黑色边缘线的第一个元素为例，则(-255-(-765))/1530 =-0.33。

（3）对上一步结果求绝对值，得到 0.33。

以上步骤可以通过 NumPy 提供的方法来完成，代码与结果如图 6-31 所示。

```
1 zhn = abs((Zh - Zh.min())/(Zh.max() - Zh.min()))
2 np.around(zhn[105:115,90:99], decimals=3)
```

```
array([[0.5  , 0.5  , 0.5  , 0.5  , 0.5  , 0.5  , 0.5
       [0.5  , 0.5  , 0.5  , 0.5  , 0.5  , 0.5  , 0.5
       [0.5  , 0.5  , 0.5  , 0.5  , 0.5  , 0.5  , 0.5
       [0.5  , 0.5  , 0.5  , 0.5  , 0.5  , 0.5  , 0.5
       [0.5  , 0.5  , 0.333, 0.167, 0.   , 0.   , 0.
       [0.5  , 0.5  , 0.333, 0.167, 0.   , 0.   , 0.
       [0.5  , 0.5  , 0.5  , 0.5  , 0.5  , 0.5  , 0.5
       [0.5  , 0.5  , 0.5  , 0.5  , 0.5  , 0.5  , 0.5
```

图 6-31　归一化的 Zh

abs()方法用于计算绝对值，min()方法用于计算最小值，max()方法用于计算最大值，

around()方法用于控制浮点精度（小数点后的长度）。图 6-31 中箭头所示的位置正好是示例中的元素，通过归一化操作将-255 转换成了 0.33。

　　通过对比（如图 6-32 所示）不难发现，虽然数值改变了，但是图像的显示效果没有受到丝毫影响。

　　Zh 是变量名，存储了原始图像卷积后得到的新数组。在 DL 中，这个过程[10]的输出通常用大写字母 Z 表示；h 是 horizontal 的首字母，表示提取到的是横向的边缘。Zhn 中的 Z、h 与上述含义相同，n 取自归一化的英文 normalization 的首字母，表示这个数组中的值是经过了归一化处理的。

```
1  fig, axs = plt.subplots(1, 2)
2  for a in axs:
3      a.grid('off')
4  a = axs[0].imshow(Zh, cmap='gray')
5  axs[0].set_title(a.get_clim())
6  a = axs[1].imshow(zhn, cmap='gray')
7  axs[1].set_title(a.get_clim())
8  plt.show()
```

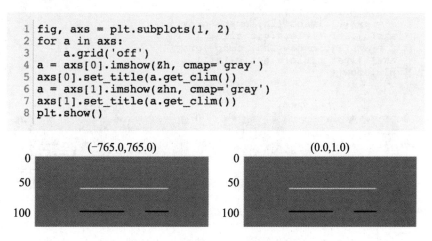

图 6-32　对比归一化前后的图像

　　同样的操作也可以用于处理原始图像数据 img_data 与纵向边缘数组 Zv。这是作业，必须要完成的哦！

　　以下是本节要点：

- 从图像文件中读取到的数值范围是 0~255，cmap='gray'的颜色方案中，255 表示白色，0 表示黑色；
- 为了方便操作，将不同取值范围统一成 0～1 的取值范围，这个操作称为归一化，这个操作是人工智能、大数据分析、数据科学及其他多个领域中常用的数据预处理环节，是专业级的标配，童鞋们一定要反复练习，通透掌握哦！

## 6.4.5　归一化续（纯小白慎入）

　　上一节中详细讲解了归一化的作用与实现细节。而实际使用中会根据不同的数据采用

---

10　输入数据（原始输入或上一层输出）与权重矩阵 $W$ 相乘或与卷积核做卷积运算的结果以大写字母 Z 表示。

不同的归一化方法，例如：

```
abs((a - a.mean())/(a.max() - a.min()))
```

这行代码乍一看与上一节中的归一化没啥区别，但是，听取建议真正熟练掌握上一节内容的同学就会发现，分子部分的计算是(a - a.mean())，而不是上一节中的(a - a.min())，这种归一化称为均值归一化（Mean normalization）。

这样依然可以实现归一化，代码与结果如图 6-33 所示。

```
1  zhn = abs((Zh - Zh.mean())/(Zh.max() - Zh.min()))
2  fig, axs = plt.subplots(1, 2)
3  for a in axs:
4      a.grid('off')
5  a = axs[0].imshow(Zh, cmap='gray')
6  axs[0].set_title(a.get_clim())
7  a = axs[1].imshow(zhn, cmap='gray')
8  axs[1].set_title(a.get_clim())
9  plt.show()
```

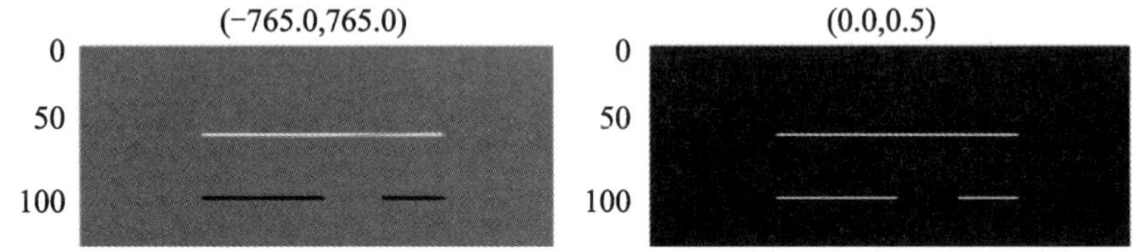

图 6-33　均值归一化

比较本例与上一节中的示例就会发现，均值归一化虽然也可以压缩数组的取值范围，但是得到的是 0~0.5，并且图像的显示效果也受到了影响。

本节旨在说明，如果不了解这些细节，只是一味地调试别人写好的现成代码，往往会得到意料之外的结果。在实际工作中，如果不了解重要操作的原理和细节，出现问题后，往往连导致问题的原因及范围都无法确定。

# 6.5　小　　结

在 6.3 节中我们亲手、徒手实现了一维卷积，这是一个巨大的成就！

所谓徒手，就是不借助现代的深度学习框架，如 MXNet、TensorFlow 等，仅使用 Python 和 NumPy。

为什么 TensorFlow 已经提供了卷积运算的功能，我们还要自己从头写代码呢？这是因为，只有亲自动手用代码实现，才能真正掌握，这就如同在岸上学习游泳与真正跳进水里学游泳的区别。在本章知识的基础之上才能掌握二维、高维卷积及其他后续知识。

6.4.3 节的示例灵感来自于吴恩达老师的 deeplearning.ai 中的边缘检测，这点在前文中已经声明了，再次提及是想多谈一些想法。

尊重、保护原创是大多数人的主流价值观，而有些人大量抄袭、复制别人的文章、视频或课程却不注明来源，这种行为是对整个技术生态环境的破坏。这样不仅侵害了原作者的正当权益，同时也无法保障作品的质量，所以在这里给童鞋们提两个建议：

- 不轻信未声明来源的资料；
- 自己发布的分享，清晰地注明资料来源。

本章中有大量代码没有详细讲解，这是为了让童鞋们将注意力集中在本章的要点上。前面的章节都是在为本章做准备，本章的要点是本书中最重点的部分。真正掌握了这些要点，就完成了从普通软件工程师向算法工程师转变的第一步。

本章中涉及的代码会在后续章节中详细讲解，但是千万不要着急，一定要确保本章的每个要点都通透掌握后再进入下一章的学习。

DL 领域是长跑，不是比谁跑得快，而是看谁跑得稳。

# 6.6　习　　题

## 6.6.1　基础部分

通过 NumPy 对原始图像数据 img_data 与纵向边缘数组 Zv 进行归一化处理。

## 6.6.2　扩展部分

参照 6.4.4 节中的归一化步骤，对原始图像大写字母 J 的右下角像素进行计算。

# 第7章 综合案例之滑动窗口示意图

我们已经掌握了一些 Matplotlib 方法（如 plot()方法、imshow()方法和 subplots()方法）与一些最核心、最重要的概念，如 Figure 和 Axes 类。

通过学习使用 Matplotlib，我们对 Python 基础语法的使用更加熟练，对数组的理解也逐步加深。本章将带领童鞋们一起综合使用 NumPy 与 Matplotlib 完成一个小案例，即通过代码绘制如图 7-1 所示的滑动窗口示意图，进一步提高童鞋们的 Python 编程能力。

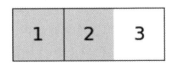

图 7-1　综合案例

## 7.1　正式认识 subplots()方法

subplots()方法从第 5 章开始出镜，在多个示例中都发挥了不可或缺的作用，但是我们一直都没有正式介绍过它，这是因为有以下两个原因：

- 之前的章节中都有相应的要点，为了让童鞋们注意力聚焦，只好先委屈一下 subplots() 方法了；
- 真正理解 subplots()方法，需要先理解 Figure 和 Axes 类，并且结合实际需求。

实际需求具体是指，上一章我们需要将多张图（原始图像、卷积后的图像）在一个 Cell 显示。

现在条件都具备了，我们可以正式认识 subplots()方法了。

### 7.1.1　最简体验 subplots()方法

虽然我们已经多次使用过 subplots()方法了，但是本书倡导的学习主张是从一个知识点的最简形态开始，这样才能学得更轻松，最终也更有可能达到通透理解、如臂使之。

本章使用 mybinder.org 作为演示平台。如果在其他平台或本地运行示例代码得到的结果与预期不一致，请及时咨询助教或到社群中讨论。

在 Chrome 浏览器中输入以下 URL：

https://colab.research.google.com/github/MachineIntellect/DeepLearner/blob/master/ai-701
.ipynb。

或者发送 ai701 至微信公众号"AI 精研社"，可获取该链接。

Notebook 成功加载后运行，代码及其运行结果如图 7-2 所示。

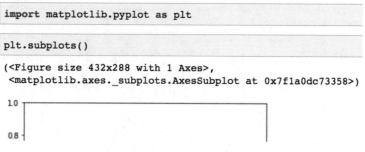

图 7-2　ai-701 运行结果

示例 7-2 中没有使用%pylab inline 魔法命令，这是为了让童鞋们逐渐熟悉通过 import
导入组件（包和模块）。因为随着学习的深入，我们将需要使用更多的组件，而这些组件
大部分都是通过 import 而不是魔法命令来导入。

subplots()方法返回了两个对象，因为没有变量接收，所以直接输出了这两个对象的描
述信息。

这两个对象分别是 Figure 类的实例和 Axes 类的实例，因此社区的代码中常用 fig 和
ax 作为接收这两个对象的变量名，代码及其运行结果如图 7-3 所示。

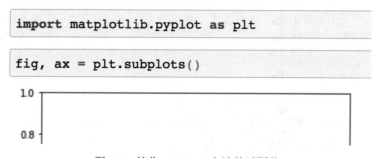

图 7-3　接收 subplots()方法的返回值

有变量接收返回值时，不再输出描述信息。

在 Cell 中输入变量名并运行 Cell，可以查看该变量的值或描述信息，而 fig 变量存储
的是 Figure 类的实例，因此运行 Cell 会显示一张图，代码及其运行结果如图 7-4 所示。

fig 变量中存储的是 subplots()方法返回的 Figure 类实例，即当前具体的这个画夹，因
此通过运行 Cell 查看 fig 变量，就是显示出这个 fig 对象。

前面的章节中（如 5.2.2 节）讲解过画夹的作用，即其他构成 Matplotlib 图像的要素都
是基于这个 fig 对象的，还记得是哪些要素吗？把答案发给助教，前 20 名有奖励哦！

有童鞋举手了："查看 fig 变量是输出图像，那查看 ax 变量呢？"

小明直接给出了答案，代码及其运行结果如图 7-5 所示。

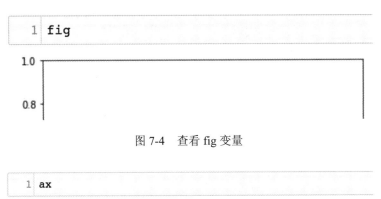

图 7-4　查看 fig 变量

```
1 ax
```

`<matplotlib.axes._subplots.AxesSubplot at 0x11502d438>`

图 7-5　查看 ax 变量

显然，只有 fig 才有这个待遇。查看 ax 变量给出的是这个对象的描述信息。

好了，我们终于搞懂了 subplots()方法返回的两个对象是什么了，这样以后用起来也更放心了。以下是本节的要点：

- subplots()方法返回了两个对象，分别是 Figure 类的实例与 Axes 类的实例。
- 在 Cell 中输入变量名并运行 Cell，这个操作的作用是查看该变量的值或描述信息。查看 fig 变量即显示 fig 的图像。

因为抢答、积极完成作业，小明赚了很多积分和经验值，不仅兑换了很多奖品，还升了好几级，其他童鞋要多努力哦！

## 7.1.2　最简体验 axs 对象

我们体验 Matplotlib 的第一个方法是 plot()，这个方法内部调用的其实是 ax 这个对象的 plot()方法，代码及其运行结果如图 7-6 所示。

使用%pylab inline 魔法命令的便捷之一是省略了显式调用 plt.show()。如果觉得这样麻烦，童鞋们可以继续在教学案例中使用%pylab inline 魔法命令。

可以看到，成功地显示了我们第一次体验 Matplotlib 时的图，但这只是显示了一张图，如何在一个 Cell 中显示多张图呢？

要实现这个效果，可以有多种方法，其中一个（也是最常用的一个）方法是在一个 Figure 类中显示多个 Axes 类[1]。

---

1　更准确的叙述应该是"在一个 Figure 类的实例中，显示多个 Axes 类的实例"，但这样表达太烦琐了，在不引起歧义的情况下，通常使用正文中的表达。

通过 subplots()方法可以做到，代码及其运行结果如图 7-7 所示。

```
1  fig, ax = plt.subplots()
2  ax.plot(1,1,'o')
3  plt.show()
```

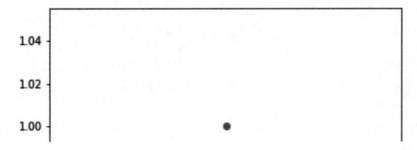

图 7-6　调用 ax 对象的 plot()方法

```
1  fig, axs = plt.subplots(1,2)
2  plt.show()
```

图 7-7　一个 Figure 中两个 Axes

plt.subplots(1,2) 这行代码对应的参数为 plt.subplots(nrows=1, ncols=2)，其中，n 表示个数，rows 是一行或多行，合在一起，nrows 表示行数；col 来自列的英语 column，cols 表示一列或多列，合在一起，ncols 表示行数。

两个参数合在一起确定了 subplots()方法要为我们生成 nrows 行 ncols 列的 Axes。

示例 7-7 中的传参为(1,2)，即 subplots()方法返回 1 行 2 列，共两个 Axes 类。

上一节中我们已经进一步掌握了 fig，因此本节重点关注 axs 对象，再次查看 axs 对象，代码及其运行结果如图 7-8 所示。

虽然都是 subplots()方法，但是得到的结果与上一节略有不同。

上一节中使用了 subplots()的默认值，因此返回的是 1 个 Axes 类的实例，注意量词，是 1 个。因此变量名是 ax，表示 1 个。而刚刚我们通过 subplots()方法得到的 axs 是 1 个 array，这个 array 中包含了 2 个 Axes 类的实例，因此变量名是 axs，表示 2 个或多个。

不考虑具体元素的类型，只看箭头所示位置，可以看到，axs 是标准的 NumPy 数组 array([])。通过 type()方法得到的结果也清楚地说明了这一点。

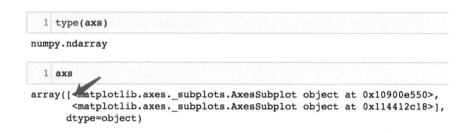

图 7-8　查看 axs 对象

那么问题来了，得到了这个 array 后怎么使用呢？有奖竞猜，机会难得。

小坏童鞋不想落后于小明，积极抢答了："通过数组 slicing，即 axs[0]，可以得到具体的一个对象"。

非常好！小坏童鞋不仅回答得清楚完整，还分享了 Notebook，代码及其运行结果如图 7-9 所示。

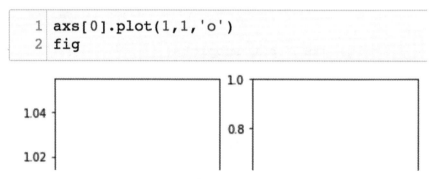

图 7-9　调用 axs[0]的 plot()方法

axs[0]是一个具体的 Axes 类的实例，调用 axs[0]的 plot()方法即可在相应的 axs 上绘制图像。axs[0]上画了一个点，为效果明显，我们尝试在 axs[1]上画一条线。

哪位童鞋来试下？不管对错，只要抢答了就能加经验值哦！

非常好，洛天一童鞋分享了 Notebook，代码及其运行结果如图 7-10 所示。

洛天一童鞋在回答问题的时候又提了一个新问题："两个箭头所示的位置处，坐标轴上的值为什么不一样呢？"

非常好，这样高质量的问题，值得奖励经验值。下一节我们专门来讨论这个问题。

以下是本节的要点：

- 未传参直接调用 plt.subplots()方法得到的是一个 Axes，可以通过 nrows 和 ncols 参数指定生成多行、多列个 Axes 类，当 Axes 类的个数大于或等于 2 时，subplots()方法返回的是一个 NumPy 数组。

- 通过数组的 slicing 操作可以得到具体的 Axes 对象，调用该对象的 plot()方法，可以在指定的行和列位置绘制图像。

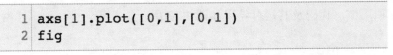

```
1  axs[1].plot([0,1],[0,1])
2  fig
```

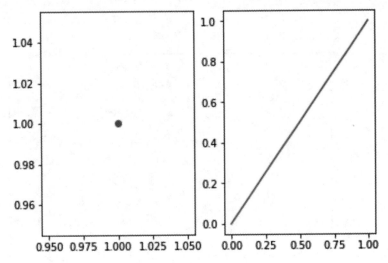

图 7-10　在 axs[1]上画一条线

本节的要点非常容易理解,因为涉及的基础知识都是我们早已熟练掌握的内容。但是,不要因为学习过程轻松就疏于练习,听明白与熟练使用之间所差的就是反复练习和思考。况且,能够轻松地听明白这些知识,除了童鞋们自身的努力,也有本书的作者团队煞费苦心设计内容的功劳。所以一定多敲代码,熟练掌握,不要辜负了本书作者团队的辛勤劳动成果哦。

## 7.1.3　最简体验 Axes 坐标轴

上一节中我们进一步学习了更多 Axes 的操作,同时也引出了新的问题,即坐标轴表示的取值范围。为了理解 Matplotlib 中坐标轴的取值范围,我们以最简体验原则调用 plot()方法,代码及其运行结果如图 7-11 所示。

箭头所示位置给出了 plot()方法返回的 Axes 中 x 轴的默认取值范围。

通过 xticks()方法可以设置 x 轴的取值范围,xticks()方法需要一个 list 或 array 来指定取值范围,代码及其运行结果如图 7-12 所示。

我们手动给出了一个 list,包含 3 个数值型元素,作为 x 轴的取值范围。比较两个示例(示例 7-11 和示例 7-12)中 x 轴与 y 轴的取值范围,y 轴没有变化。

手动生成一个包含更多元素的 list 或 array 比较麻烦,NumPy 的 arange()方法可以帮助我们完成这项工作，代码及其运行结果如图 7-13 所示。

```
1 plot()
```

[ ]

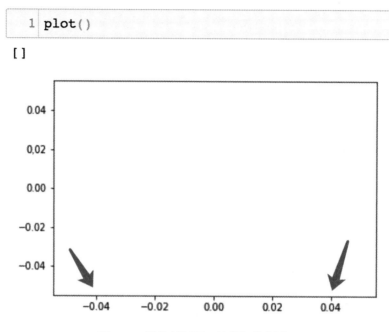

图 7-11　默认情况下 $x$ 轴的取值范围

```
1 plot()
2 t = plt.xticks([0,1,2])
```

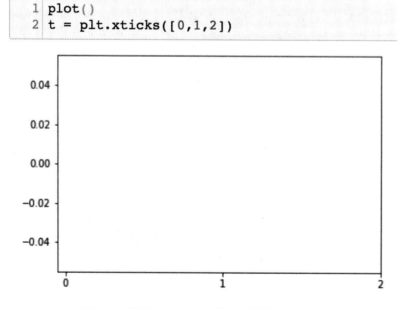

图 7-12　通过 xticks()方法设置 $x$ 轴的取值范围

示例 7-13 中，我们通过 NumPy 的 arange()方法生成一个 array，包含 0~8，共 9 个元素。下面以这个 array 作为 $x$ 轴的取值范围，代码及其运行结果如图 7-14 所示。

```
1  np.arange(9)
```

```
array([0, 1, 2, 3, 4, 5, 6, 7, 8])
```

图 7-13　NumPy 的 arange()方法生成一个 array

```
1  plot()
2  t = plt.xticks(np.arange(9))
```

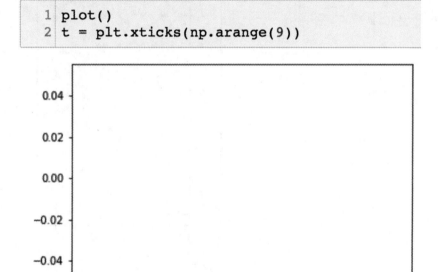

图 7-14　array 作为 $x$ 轴的取值范围

比较两个示例（示例 7-12 和示例 7-14），不仅 $x$ 轴的取值范围发生了变化，相应的 grid 网格线也发生了变化，即从稀疏到密集。

通过两个 Axes 对比，更容易看到这个差别，Axes 对象通过 set_xticks()方法设置 $x$ 轴的取值范围，代码及其运行结果如图 7-15 所示。

箭头所示位置清楚地展示了 $x$ 轴的不同取值范围。

有了上述体验，就可以回答洛天一在上一节中提的问题了，即画 1 个点与画 1 条线得到的图像中，坐标轴的取值范围为何不同？这是因为，plot()方法根据要绘制的图形，自动匹配了不同的取值范围。

以上我们只体验了 $x$ 轴的取值范围，Axes 对象可以通过 set_yticks()方法设置 $y$ 轴的取值范围，童鞋们请自行尝试，不要手懒哦！以下是本节要点：

- 通过 plt.xticks()方法可以设置单个图像的坐标轴取值范围；
- 使用更多的是 Axes 对象的 set_xticks()方法和 set_yticks()方法；
- NumPy 的 arange(N)方法可以生成一个 array，包含 N 个元素，元素的值分别为 [0,...,N-1]。

```
1  fig, axs = subplots(1,2)
2  axs[0].set_xticks([0,1,2])
3  t = axs[1].set_xticks(np.arange(9))
```

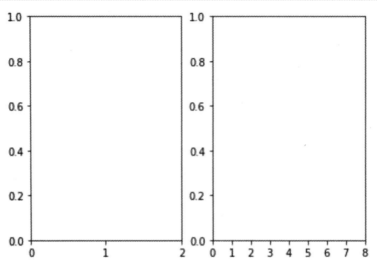

图 7-15　set_xticks()方法

## 7.1.4　坐标轴 ticks

上一节中我们体验了 Axes 坐标轴。在课下有很多童鞋都积极练习，真的非常好。

认真练习、反复理解中自然就会产生新的问题，小明就提了这样一个问题："示例 7-15 中使用 set_xticks()方法设置了 x 轴的取值范围，但是还有个变量 t，是不是说明 set_xticks() 方法有返回值呀？"

非常好！小明做到了细心观察，主动独立思考！其他童鞋要向小明学习哦！哪位童鞋来尝试回答这个问题呢？

洛天一童鞋直接分享了 Notebook，还提了一个问题，代码及其运行结果如图 7-16 所示。

图 7-16 中输出的信息说明 set_xticks()方法的返回值是一个 list，包含 9 个元素。

洛天一童鞋在分享 Notebook 时还提了一个问题："列表 t 中的每个元素有什么作用？"

洛天一童鞋的问题非常有价值，在正式回答这个问题之前，我们先看一下列表 t 中的元素是什么类型。

```
1 t
```

```
[<matplotlib.axis.XTick at 0x7f7e7d798d30>,
 <matplotlib.axis.XTick at 0x7f7e7d798668>,
 <matplotlib.axis.XTick at 0x7f7e7d798390>,
 <matplotlib.axis.XTick at 0x7f7e7d7401d0>,
 <matplotlib.axis.XTick at 0x7f7e7d7406a0>,
 <matplotlib.axis.XTick at 0x7f7e7d740b70>,
 <matplotlib.axis.XTick at 0x7f7e7d748128>,
 <matplotlib.axis.XTick at 0x7f7e7d7485c0>,
 <matplotlib.axis.XTick at 0x7f7e7d748ac8>]
```

```
1 type(t)
```

```
list
```

```
1 len(t)
```

```
9
```

图 7-16　查看变量 t

大白童鞋分享了 Notebook 代码及其运行结果，如图 7-17 所示。

```
1 t[0]
```

```
<matplotlib.axis.XTick at 0x1112956a0>
```

```
1 type(t[0])
```

```
matplotlib.axis.XTick
```

图 7-17　xticks()方法的返回值

通过 type()可以看到，列表 t 中的元素是 matplotlib.axis.XTick 类的实例。

大白童鞋分享 Notebook 时也提了一个问题，这个风气非常好！将自己掌握的内容分享出来，同时基于分享再提出新的问题，其他童鞋都可以借鉴这个模式哦！

大白童鞋的问题是："如何使用这个元素？"这个问题非常好，体验一个视觉元素的常用技巧是设置这个元素的某些属性，如大小、颜色、显示/隐藏等，代码及其运行结果如图 7-18 所示。

```
1  %pylab inline
2  fig,axs = subplots(1,2)
3  axs[0].set_xticks(np.arange(9))
4  t = axs[1].set_xticks(np.arange(9))
5  xtk = t[2]
6  xtk.set_visible(False)
```

Populating the interactive namespace from num

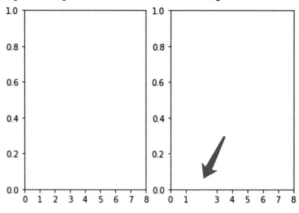

图 7-18  隐藏 tick

图 7-18 中箭头所示的 ax 中，横轴上 $x=2$ 位置处的 tick 为不可见状态，即不显示（也就是隐藏了），这是隐藏了整个 tick（是 1 个 tick，不是所有的 ticks 哦）。

如果只想隐藏 label，可以使用 ax.get_xticklabels()方法获取到 label，再调用 set_visible()方法。代码及其运行结果如图 7-19 所示。

```
1  lbl = axs[1].get_xticklabels()
2  lbl[5].set_visible(False)
3  fig
```

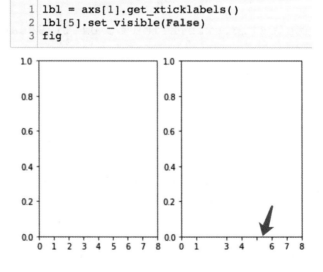

图 7-19  隐藏 xtick 的 label

通过图 7-19 中箭头所示位置可以看到，label 隐藏了，但是 grid 没有受到影响。

get_xticklabels()方法获取到的不是一个 label，而是一个 list。代码及其运行结果如图 7-20 所示。

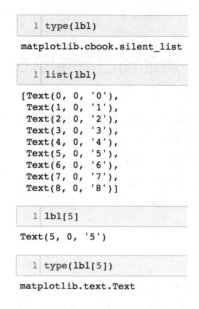

图 7-20　lbl 变量

lbl 变量是 Label List 的缩写，字母 b 的前后都是小写的 L，lbl[1]是从 get_xticklabels() 方法返回的列表中取 index 为 1 的元素，对应的 x 轴上的坐标点为'0.2'。这个坐标点是一个 matplotlib.text.Text 类的实例，(0.2,0)是其坐标，'0.2'是指定坐标位置处显示的文本，有关 matplotlib.text 的介绍，后面会详细展开。

大白童鞋举手了："又学了不少新的知识了，这些与本章开篇的小案例都有关吗？"

非常好！经常听到有的童鞋在讨论如何提高编程能力，不少童鞋都反馈说学习了新知识后不知道怎么用，提高编程能力最有效的途径就是亲自完成一些案例，第 3 章的通讯录是这个作用，滑动窗口示意图也是这个作用，下一节我们就使用新的知识来绘制示意图的 0.1 版。

不过有一点不要忘记了，实战是为了巩固知识点。如果连基础的知识点都没有掌握就直接进行所谓的实战，那么最多只能学会改别人现成的代码，而且改的还不一定对。

所以进入下一节学习之前一定要先确认掌握了以下要点哦：

- Axes 类提供的 set_xticks()方法返回值是一个 tuple，tuple 里面是 list，list 的元素是坐标轴上的 tick（坐标点），matplotlib.axis.Tick 类的实例；
- 直接调用 tick 的 set_visible()方法可以设置整个 tick 的显示/隐藏属性；
- Axes 类提供的 get_xticklabels()方法返回值是一个 list，每个元素代表横坐标上的一个 ticks 的 label。设置这个 label 的属性（如显示/隐藏）不影响 grid 网格线。

get_xticklabels()方法返回的是横坐标[2]，那么不难猜到 get_yticklabels 返回的是纵坐标，童鞋们可以尝试用这个方法玩耍一下哦。

在学习、交流具体的代码细节时，先确认运行环境是一个好习惯。运行环境通常包含操作系统、Python 版本、第三方 Python 包（如 Matplotlib、NumPy）的版本[3]。

# 7.2　滑动窗口示意图 0.1 版

从本章开篇提及案例为滑动窗口后，很多童鞋就开始自己尝试了，这样非常好！前 20 名将自己的尝试分享出来的童鞋都可以领取丰富的奖励，记得联系助教哦！

这样的尝试不仅有助于理解已经学过的知识，更为关键的是可以提高解决问题的能力。编程不同于纸上的考卷，是实践性极高的一项专业技能，因此不断地尝试，不断地思考，不断地交流，才能让自己的实际编程能力得到提高，否则有纸上谈兵之嫌。

## 7.2.1　技术问答范本

有的童鞋之所以一直没有跟大家交流是因为觉得自己没有将代码彻底搞懂，所以不好意思分享。其实大可不必！交流不是只有分享一种形式，提问、回答也是非常普遍的一种形式。

下面先来看下大白童鞋的尝试和问题，代码及其运行结果如图 7-21 所示。

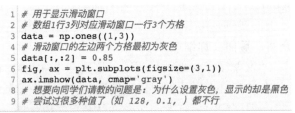

```
1  # 用于显示滑动窗口
2  # 数组1行3列对应滑动窗口一行3个方格
3  data = np.ones((1,3))
4  # 滑动窗口的左边两个方格最初为灰色
5  data[:,:2] = 0.85
6  fig, ax = plt.subplots(figsize=(3,1))
7  ax.imshow(data, cmap='gray')
8  # 想要向同学们请教的问题是：为什么设置灰色，显示的却是黑色
9  # 尝试过很多种值了（如 128, 0.1,）都不行
```

<matplotlib.image.AxesImage at 0x1185fec18>

图 7-21　提问范本

---

2　更准确的叙述是"包含横坐标上的所有 ticks 的 labels 的一个 list"，但这种表达略显啰嗦，在不影响理解的情况下，就简化成横坐标了。

3　截至发稿时（2019 年 4 月 20 日），Colab 上的 Matplotlib 版本为 3.0.3。由于版本更新，以及 Colab 对 Matplotlib 环境变量的修改而导致运行结果与预期不一致时，请尝试 MyBinder 或本地安装相应版本。当然你也可以通过咨询客服获取相关知识点的最新示例。

以上只是大白分享的 Notebook 中的部分代码。

为了更清楚地描述问题,提问者从原有代码中提炼出关键点,既是表达了自己对问题的思考,也是为帮助者节约时间,使他们不需要阅读大段的代码,将时间和注意力直接投入到最关键的点,这也是最简体验原则的另一种实践。

大白童鞋的前期互动不是很积极,但是每次分享、提问都能表现出认真、主动的态度。尤其是这段提问的代码不仅将问题提炼到最简,而且加上了注释,表达出了自己的思索和尝试,并且将问题也描述清楚了,其他童鞋要多多借鉴哦!

大白的每行代码、每个字符都是我们已经反复练习过的内容。问题也描述得很清楚了,那么哪位童鞋来尝试解答一下这个问题呢?只要尝试就可以加经验值,经验值够了就能升级,级别提高了将有各种福利哦!

小明给出了答案,代码及其运行结果如图 7-22 所示。

```
1  data = np.ones((1,3))
2  data[:,:2] = 0.85
3  fig, ax = plt.subplots(figsize=(3,1))
4  ax.imshow(data, cmap='gray', vmin=0, vmax=1)
5  # 设置灰色, 显示的却是黑色, 是因为 imshow() 方法自动的判断数组的最大最小值
6  # 所以不管是 0.85 还是 0.1, 在数组中只有2个值时 imshow() 默认只能显示黑白
7  # 通过 vmin vmax 设置黑白对应的值, 0.85 就可以正常识别为灰色了
```

<matplotlib.image.AxesImage at 0x118ed4550>

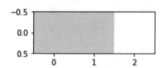

图 7-22　imshow()方法的 vmin 和 vmax 参数

非常好!小明童鞋不仅给出了代码,还清楚、完整地进行了解释,这是社区中回答他人问题的范本。当然,这也是因为大白童鞋原本就讲清楚了问题,这样小明只需要几秒钟就可以复现问题,并在原有代码上进行修改。

从小明看到问题到修改代码、添加解释并分享到 Notebook,全程不超过 5 分钟。

社区中有很多热心的童鞋或同行都愿意帮助他人,为了回答一个问题,花 5~10 分钟的时间大家普遍都可以接受。但是如果提问者自己没有整理好代码,没有讲清楚问题,导致回答者可能要花半小时甚至更久的时间仅用于复现问题,估计仍然愿意提供帮助的童鞋可能就少之又少了。

有童鞋举手了:"每次回答问题还要说这么多话呀,我不会说咋办?"

文字表达能力是一项极其重要的能力,一开始不会表达、不善于表达都很正常,但是只要不断地尝试去表达,多跟童鞋或同行进行技术交流,这方面的能力很快就能得到提高的。而刚刚开始尝试练习技术表达的童鞋,简单的一句解释"通过 imshow()方法的 vmin 和 vmax 参数设置黑色和白色",也是很好的。

以下是本节要点:

- 首先最重要的是提炼自己的问题,积极主动地与社区交流是在具备基础知识后提高自己的一个重要途径,提出问题,回答问题,都是进步的过程,而且这样的进步是非常明显的。
- 通过 imshow()方法的 vmin 和 vmax 参数可以设置显示图像中黑色和白色所对应的值。有关图像的最大和最小值,请参照 6.4.4 节中 get_clim()方法的解释。
- 其他的编程技巧、思路,都在两位童鞋的注释中了,认真阅读注释既是交流的必要环节,也是合格的软件工程师的必备技能,所以请认真阅读注释,不要浪费了大白和小明两位童鞋的辛苦付出哦!

## 7.2.2　起始、终止和步长

在大白和小明的带动下,更多的童鞋开始尝试分享、提问和回答,学习的氛围越来越好了!香蕉姐也首次分享了 Notebook,为了鼓励更多的童鞋加入交流,首次分享 Notebook 的童鞋可以领取神秘礼物一份,记得联系助教哦!

在 Colab 的默认配置下,需要多一点代码[4],为了达到最简体验的效果,临时切换到 mybinder.org,将浏览器切换到以下 URL:

https://mybinder.org/v2/gh/MachineIntellect/DeepLearner/master?filepath=ai-702.ipynb
成功加载 Notebook 后运行,结果如图 7-23 所示。

```
1 data = np.ones((1,3))
2 data[:,:2] = 0.85
3 fig, ax = plt.subplots(figsize=(3,1))
4 # 通过 color 参数可以设置网格线的颜色
5 # 现在的问题是, y = 0.0 这条线应该隐藏
6 # 请问如何操作
7 ax.grid(color='r')
8 ax.imshow(data, cmap='gray', vmin=0, vmax=1)
```

<matplotlib.image.AxesImage at 0x1115e40b8>

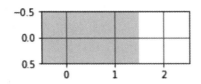

图 7-23　设置 grid 网格线颜色

香蕉姐的问题可以分成两部分,一部分是箭头所示处 $y = 0.0$ 这条线如何隐藏;另一

---

4　通过 plt.rcParams.update()方法更新有关 Matplotlib 的环境参数。

部分是 ax 的边框线如何显示。哪位童鞋来尝试回答第一个问题呢？

小坏童鞋给出了自己的答案并且还提出了新的问题，代码及运行结果如图 7-24 所示。

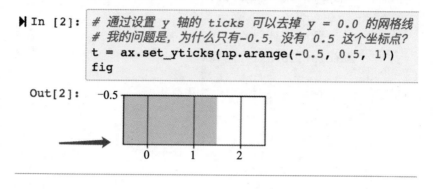

图 7-24　*y* = 0.0 网格线

通过这个回答可以看出小坏童鞋对上一节的内容已经初步掌握了，通过 Axes 类提供的 set_yticks()方法，可以设置 *y* 轴上的 ticks。变量 t 用于接收该方法的返回值，查看变量 t 或许可以提供一些线索。同样的操作在示例 7-16 和示例 7-17 中已经"出镜"过了，忘记的童鞋花 1 分钟先回顾一下，有了自己的思考、猜测再进行学习才会更高效。代码及运行结果如图 7-25 所示。

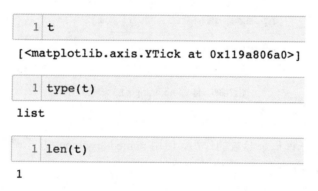

图 7-25　set_yticks()方法的返回值

查看变量 t 很容易看到，这个 list 只有一个元素，即一个 matplotlib.axis.YTick 类的实例，再看下这个 tick 的 label，代码及运行结果如图 7-26 所示。

通过查看变量 t 可以发现，当前 *y* 轴上只有一个 tick，位于(0,-0.5)位置，label 为'-0.5'。那么图 7-24 中箭头所示位置为什么没有显示 tick 呢？

这是因为 np.arange(-0.5, 0.5, 1)方法的参数是左闭右开，即包含-0.5 这个起始值，但不包含 0.5 这个终止值，想要显示 0.5，只需将终止值增加一点即可，代码及运行结果如图 7-27 所示。

```
1  t[0]
```

```
<matplotlib.axis.YTick at 0x119a806a0>
```

```
1  type(t[0])
```

```
matplotlib.axis.YTick
```

```
1  t[0].label
```

```
Text(0, -0.5, '-0.5')
```

图 7-26　查看 tick 的 label 属性

```
np.arange(-0.5, 0.5, 1)
```

```
array([-0.5])
```

```
np.arange(-0.5, 0.6, 1)
```

```
array([-0.5,  0.5])
```

```
np.arange(-0.5, 0.51, 1)
```

```
array([-0.5,  0.5])
```

图 7-27　体验 np.arange()方法终止值

示例 7-27 中第 3 个 Cell 的终止值传参 0.51，效果是一样的。

为了更准确地掌握每个参数的作用，使用 named argument 方式调用方法，代码及运行结果如图 7-28 所示。

```
arange(start=-0.5, stop=0.51, step=1)
```

```
array([-0.5,  0.5])
```

图 7-28　使用 named argument 方式调用方法

其中，start 表示起始值；stop 表示终止值；step 表示步长，即返回的元素间隔范围为-0.5～0.51，当 step 为 1 时，有 2 个值；体验调整 step 的值，代码及运行结果如图 7-29所示。

在-0.5～0.51 之间，step 为 0.5 时，有 3 个值。

```
arange(start=-0.5, stop=0.51, step=0.5)
```

```
array([-0.5,  0. ,  0.5])
```

图 7-29　步长为 0.5

🔔**注意**：这里省略了 np，直接调用了 arange()方法，这是因为%pylab 在背后默默地提供了帮助。

以新的 array 作为参数，调用 set_yticks()方法，代码及运行结果如图 7-30 所示。

```
t = ax.set_yticks(np.arange(-0.5, 0.51, 1))
fig
```

```
t
```

```
[<matplotlib.axis.YTick at 0x7fbebb229a90>,
 <matplotlib.axis.YTick at 0x7fbebb2293c8>]
```

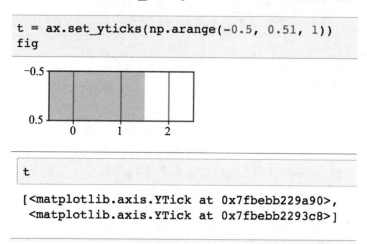

图 7-30　ticks 只有两个值

此时 ticks 只有两个值，这是由参数 array([-0.5,　0.5])决定的。

本节的要点如下：

- 通过 color 参数，可以设置 grid 网格线的颜色；
- np.arange()方法的前 3 个参数分别表示起始、终止和步长，返回的 array 中包含起始值(start)，不包含终止值(stop)[5]；
- 以通过 np.arange()方法的返回值作为参数，调用 set_yticks()，最终决定 ticks 的数量和值。

## 7.2.3　坐标轴 tickline

本节继续使用 MyBinder，数据示例基于上一节。代码及运行结果如图 7-31 所示。

5　这种包含起始值（start）、不包含终止值（stop）的特点，在数学上对应的概念为左闭右开区间。

```
fig, axs = plt.subplots(2,1,figsize=(3,3))
axs[0].yaxis.set_tick_params(size=20)
```

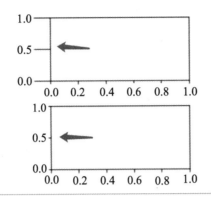

图 7-31 坐标轴上的 tickline

箭头所示位置是一个 tickline，坐标轴上的每个 tick 都有一条短线，与 grid 连在一起可以精确地显示坐标。

示例 7-31 中生成了两个 Axes，作为对比将 axs[0]的 tickline 的 size 设为了 20，此处使用这个方法仅仅是为了给童鞋指出 tickline 具体在哪里，这个方法不需要掌握哦。

现在只需要一个 Axes，代码及运行结果如图 7-32 所示。

```
fig, ax = plt.subplots(figsize=(3,1))
ax.yaxis.set_tick_params(size=20)
ax.xaxis.set_tick_params(size=10)
```

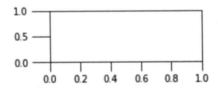

图 7-32 x 轴和 y 轴上的 tickline

为了更容易地看到变化，x 轴和 y 轴上的 tickline 都增加了 size。

注意，此时的 ax 是 subplots()方法的返回值，而不是 imshow()方法的返回值，因此(0,0)点在左下角，代码及运行结果如图 7-33 所示。

通过 Axes 类提供的 get_yticklines()方法可以获取坐标轴上的 tickline，返回值是一个 list。每个元素都是一个 Line2D 类的实例，这与我们体验 plot()方法时的知识就完整联系起来了。通过设置一个具体元素 lines[0]的 visible，可以显示/影藏相应 tick 的 tickline，即图 7-33 中箭头所示左下角 y 轴上 0.0 处的 tickline。

```
lines = ax.get_yticklines()
```

```
lines
```

```
<a list of 6 Line2D ytickline objects>
```

```
lines[0].set_visible(False)
fig
```

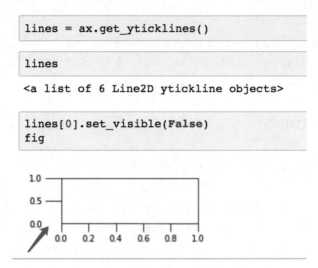

图 7-33　隐藏 tickline

有童鞋举手了："这与本章要完成的示例有什么联系吗？"

非常好！哪位童鞋来尝试回答一下？

小坏童鞋举手了："本章的滑动窗口是将所有的 tickline 都隐藏起来的。"而且小坏还分享了 Notebook，代码及运行结果如图 7-34 所示。

```
data = np.ones((1,3))
data[:,:2] = 0.85
fig, ax = plt.subplots(figsize=(3,1))
ax.grid(color='r')
ax.imshow(data, cmap='gray', vmin=0, vmax=1)
t = ax.set_yticks(np.arange(-0.5, 0.51, 1))
lines = ax.get_yticklines()
# 小写的 l 表示具体的某一条线
for l in lines:
    l.set_visible(False)
lines = ax.get_xticklines()
for l in lines:
    l.set_visible(False)
```

图 7-34　隐藏 x 轴和 y 轴上所有的 tickline

真的是非常好！小坏童鞋通过遍历，隐藏了 x 轴和 y 轴上所有的 tickline，而且还在容易看错的地方加上了注释。这段代码的后续优化是必须完成的作业哦！（提示：使用自定义函数）

本节要点如下：

- Axes 默认显示 tickline[6]，通过 get_xticklines()方法与 get_yticklines()方法可以获取 $x$ 轴和 $y$ 轴上的 tickline，每条 tickline 都是一个 Line2D 类的实例。
- 通过 set_visible()方法可以设置 tickline 的显示/隐藏。

## 7.2.4　坐标轴 ticklabel

在完成前面的要点之外，越来越多的童鞋在积极尝试自己实现滑动窗口的示意图。真的非常好！

尝试过之后，自然就会提出一些问题。目前提问最多的是如何移动网格线，达到滑动窗口中的效果。我们来一起分析一下当前网格线的位置，代码及运行结果如图 7-35 所示。

当前网格线的位置分别在 $x=0$、$x=1$ 和 $x=2$ 的位置处，恰好对应横坐标上的 3 个 ticks。

通过 get_xticklabels()方法进行确认，代码及运行结果如图 7-36 所示。

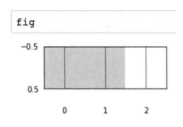

图 7-35　当前网格线的位置

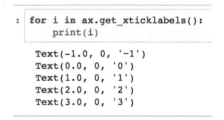

图 7-36　get_xticklabels()方法返回值

通过 get_xticklabels()方法返回值可以看到，当前横坐标实际上有 5 个 ticks。

由于当前的 Axes 类自动适配了来自 data 的图像（imshow(data)），因此 $x=-1.0$ 与 $x=3$ 两处 tick 是隐藏的状态。

当前 image 的横坐标是-0.5～2.5，通过 set_xticks()方法可以精准地测量，代码及运行结果如图 7-37 所示。

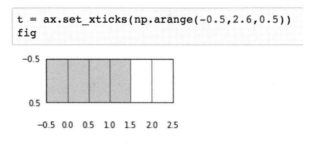

图 7-37　image 的横坐标

---

6　Jupyter Notebook 原生环境配置下，Axes 默认显示 tickline，Colab 定制了环境配置参数，默认不显示。

此时，只需要调整上面示例 7-37 代码中的一处，即可达到滑动窗口的网格线效果。哪位童鞋来尝试一下？不管是否成功都会增加经验值哦！

非常好！小明童鞋最快分享了 Notebook。其他手慢的童鞋也不要遗憾，前 20 个分享 Notebook 的童鞋，都可以增加经验值！

小明分享的代码及运行结果如图 7-38 所示。

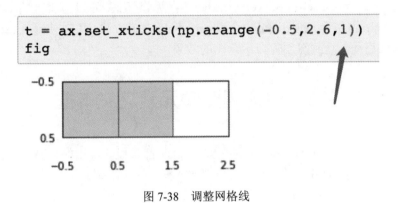

图 7-38　调整网格线

通过 arange()方法的步长来调整网格线，这是之前就已经学习过的内容哦！在这个基础上，只需要将所有的 ticklabel 隐藏即可。

哪位童鞋来尝试一下？

大白童鞋瞬间发来了 Notebook，代码及运行结果如图 7-39 所示。

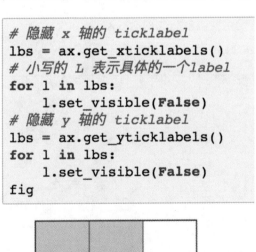

图 7-39　隐藏所有的 ticklabel

这段代码的思路是，通过 get_xticklabels()与 get_yticklabels()两个方法，获取 x 轴和 y

轴的 ticklabel，逐个设置，最终隐藏了所有的 ticklabel。

到这里只差最后一步了，即在 3 个方格的中间显示数字，这是下一节的内容。

以下是要点总结：

- 通过控制 np.arange()方法的步长，可以得到元素间隔不同的 array，将这个 array 作为参数传给 set_xticks()方法，可以准确地控制 x 轴的 ticks，从而控制相应位置的网格线。
- 通过 get_xticklabels() 和 get_yticklabels()两个方法可以获取坐标轴上的所有 ticklabel；再结合 get_xticklines()和 get_yticklines()方法，可以使得 Axes 类只显示图像与网格线，达到滑动窗口示意图的效果。

# 7.3  最常用图像元素之文本框

plt.plot()、plt.imshow()和 plt.subplot()这些方法都是极其常用的工具，plt.text()方法也在此之列。plt.text()方法用于在 Axes 上绘制文本框，滑动窗口上每个方格中间的数字就是通过该方法绘制的。我们一起来体验下如何使用这个方法吧！

## 7.3.1  最简体验 plt.text()方法

通过代码，我们已经绘制出了滑动窗口示意图的方格，下一步是在方格中写上数字，这需要用到 plt.text()方法，代码及运行结果如图 7-40 所示。

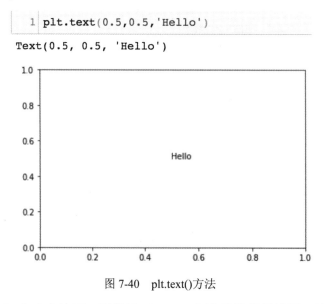

图 7-40  plt.text()方法

在熟练掌握 plt.plot()方法后，再学习 plt.text()方法就极其轻松了，该方法的前 3 个参数分别表示横坐标、纵坐标和要显示的文本。

　　体验图像元素的常用技巧就是设置 size 和颜色，通过 fontsize 参数可设置设置文字的大小。代码及运行结果如图 7-41 所示。

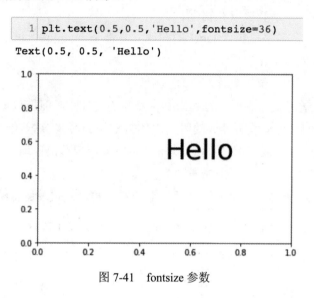

图 7-41　fontsize 参数

通过 color 参数可以设置文本的颜色，'r'表示红色。代码及运行结果如图 7-42 所示。

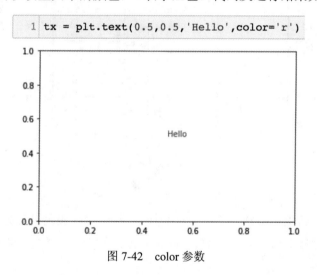

图 7-42　color 参数

　　plt.text()方法的返回值是一个 matplotlib.text.Text 类的实例，通过 type()方法可以查看，代码及运行结果如图 7-43 所示。

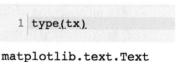

图 7-43　plt.text()方法的返回值

　　在前面体验 tick 时，我们就接触到了 matplotlib.text.Text 类，童鞋们还记得是 tick 的哪个属性吗？有奖竞猜，机会难得！

香蕉姐抢答了："是 tick 的 label 属性。"

非常好！记得联系助教领取礼物哦！

Matplotlib 中很多名字里包含 label 的图像元素都是 matplotlib.text.Text 类的实例，专门用于在指定位置处显示文字。

大白举手了："指定位置具体怎么理解呢？"

非常好！很多学习资料表面上看起来确实是在讲解知识，但是从知识转换成代码的衔接处常常被忽略，如果童鞋没有养成随时动手体验知识的习惯，这些细节很容易就会错过，但是在实际工作中，这些细节都是不可或缺的！大白童鞋能够快速地理解并及时提出问题，说明已经形成了这个习惯，这点非常重要！

指定位置是一个包含了整个文字的矩形框的左下角，代码及运行结果如图 7-44 所示。

```
1  fig, ax = plt.subplots(figsize=(5,3))
2  ax.set_xticks(np.arange(0.0,1.01,0.1))
3  ax.set_yticks(np.arange(0.0,1.01,0.1))
4  ax.grid(color='k')
5  tx = ax.text(0.5,0.5,'Hello',fontsize=36)
```

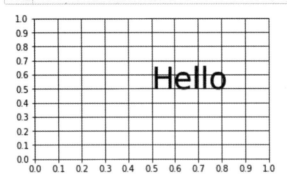

图 7-44　文本框的坐标

图 7-44 中箭头所示文本框的左下角坐标是(0.5, 0.5)。

为了准确地判断坐标位置，通过 grid()方法将网格线的颜色设置为'k'，即黑色。

设置坐标轴上每 0.1 步长一个 tick，同时影响了网格线的密度。童鞋们可以尝试一下，使用步长的默认参数。以下是要点总结：

- 通过 plt.text()方法可以在指定位置绘制一个文本框；plt.text()方法的前 3 个参数分别是横坐标、纵坐标和要显示的文本字符串；通过 fontsize 可设置文本的大小，通过 color 可以设置文本的颜色。
- 所谓指定位置，是指文本框的左下角位于指定的坐标点。
- plt.text()方法的返回值是一个 matplotlib.text.Text 类的实例。

## 7.3.2　微调文本框

有不少童鞋在反复练习上一节的内容后都不约而同地提出了一个问题，即"能否让文本框居中显示？"

从视觉效果以文本框的左下角对齐上看，整个文本框的位置看起来会偏右上，有些童鞋可能会觉得这样看起来不舒服。这个问题很好解决，因为 ax.text() 提供了 va 参数，代码及运行结果如图 7-45 所示。

```
1  fig, ax = plt.subplots(figsize=(5,3))
2  ax.set_xticks(np.arange(0.0,1.01,0.1))
3  ax.set_yticks(np.arange(0.0,1.01,0.1))
4  ax.grid(color='k')
5  tx = ax.text(0.5,0.5,'Hello',fontsize=36, va="center")
```

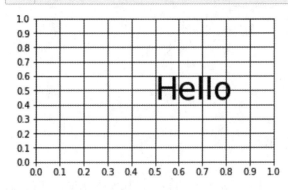

图 7-45　竖直方向居中对齐

将文本框设置为水平方向居中对齐后，文本框横向的中点位于 $x=0.5$ 的直线上。

同时设置 2 个参数，就可以将文本框的中心调整到 (0.5, 0.5) 的位置上了，这是作业，童鞋们一定要自己完成哦！

更多有关 text() 方法的信息，请访问以下 URL，参考官方文档。

- https://matplotlib.org/api/_as_gen/matplotlib.pyplot.text.html；
- https://matplotlib.org/api/text_api.html。

以下是本节的要点总结：

- 通过 text() 方法的 va 参数，可以设置文本框在竖直方向上的对齐方式，将此参数的值设为"center"可以让文本框在竖直方向居中对齐。
- text() 方法的 ha 参数用于设置水平对齐方式，传参"center"可以让文本框水平居中对齐。

参数 va 中的 v 来自 vertical，即竖直；a 来自 align，即对齐；"center"表示中心；合在一起就是竖直方向居中对齐。在本例中的效果为，文本框的竖直方向的中点调整到 $y=0.5$

的直线上。

香蕉姐举手了："既然有竖直方向的对齐，那也有水平方向的对齐是吗？"

没错！相应的参数是 ha，代码及运行结果如图 7-46 所示。

```
1  fig, ax = plt.subplots(figsize=(5,3))
2  ax.set_xticks(np.arange(0.0,1.01,0.1))
3  ax.set_yticks(np.arange(0.0,1.01,0.1))
4  ax.grid(color='k')
5  tx = ax.text(0.5,0.5,'Hello',fontsize=36, ha="center")
```

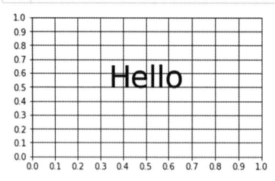

图 7-46　水平方向居中对齐

## 7.3.3　滑动窗口示意图 0.2 版

在滑动窗口示意图 0.1 版中，通过坐标轴 tick 的相关操作实现了滑动窗口的方格部分，再结合本节前面的内容，就可以完成本章开篇时展示的效果了 [7]。

为了提高效率，访问以下 URL 可以在 MyBinder 上加载 0.1 版的代码：

https://mybinder.org/v2/gh/MachineIntellect/DeepLearner/master?filepath=ai-703.ipynb

或者发送 ai703 至 "AI 精研社"，可获取该链接。

代码成功加载后运行代码，并在此基础上添加新的代码，代码及运行结果如图 7-47 所示。

通过 text() 方法可以在滑动窗口方格中显示文本，如数字 1，当要显示的文本为数值时，可以不加引号，代码及运行结果如图 7-48 所示。

注意，ax.text() 方法中的前 3 个参数分别是 1,0,2.0，1,0 分别代表横坐标和纵坐标，中间是半角逗号，2.0 是我们想要显示的文本。

当前滑动窗口示意图只有 3 个方格（注意，是来自 data 的图有 3 个方格，滑动窗口自身是 2 个方格，不能清楚区分的童鞋，请立即复习 6.3.1 节，因为这是本书最重要的部分），所以可以依次手动添加每个数字到相应的方格中，但如果需要操作更多文本框时，逐个设

---

7　其实还是有细微的差别，具体的分析留给童鞋们作为扩展习题。

置效率就太低了，有没有更好的方式来实现这个功能呢？

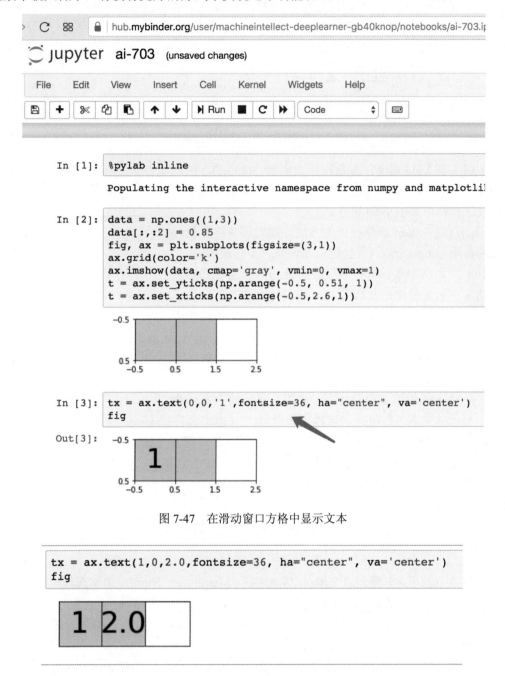

图 7-47　在滑动窗口方格中显示文本

```
tx = ax.text(1,0,2.0,fontsize=36, ha="center", va='center')
fig
```

图 7-48　文本为数值

小坏童鞋分享了 Notebook，代码及运行结果如图 7-49 所示。

```
for i in range(3):
    ax.text(i,0,i,fontsize=36, ha="center", va='center')
fig
```

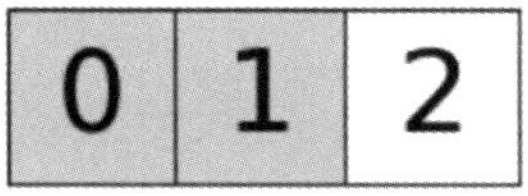

图 7-49　通过遍历，批量操作文本框

示例 7-49 通过遍历，批量操作文本框，range()方法返回的是一个 range 类型，可以通过转成 list 类型直接查看，代码及运行结果如图 7-50 所示。

range()是 Python 原生提供的方法，起始值、终止值和步长的作用与 np.arange()方法相似，但是只支持整数。

好了，大功告成！有些童鞋还有疑惑："为什么本章的滑动窗口示意图只是 0.2 版，1.0 版长什么样？"

滑动窗口的目的是为了示意卷积运算的原理，因此需要先实现 6.3 节中 w 与 x 相乘的过程，还要让窗口滑动起来，然后扩展到二维卷积或更高维度，因此当前版本只是 0.2 版。

```
type(range(3))

range
```

```
list(range(3))

[0, 1, 2]
```

图 7-50　通过 list 查看 range 变量

以下是要点总结：

- text()方法的第 3 个参数用于设置要显示的文本，通常以一个字符串作为参数，当要显示的文本为数值时，可以不加引号；
- 通过遍历语法与 text()方法的结合，可以批量设置文本框；
- range()是 Python 原生提供的方法，起始值、终止值和步长的作用与 np.arange()方法相似，但是只支持整数。

# 7.4　小　　结

通过本章的学习，我们对 Python 基础语法、Matplotlib、NumPy 的掌握程度再次提升，尤其是在综合应用方面。

本书倡导的最简体验，其中一个指标是知识点的粒度，比较以下两种表达：

- 通过 np.arange()方法的步长控制网格线；
- 通过控制 np.arange()方法的步长，可以得到元素间隔不同的 array，将这个 array 作为参数传给 set_xticks()方法，可以准确地控制 x 轴的 ticks，从而控制相应位置的网格线。

显然，后一种表达更符合最简体验，可以最大程度地保障初学者轻松、通透地理解知识点的细节。

　　虽然本章详细解释了坐标轴 ticks 的很多细节，但是这些细节并不需要反复练习和记忆，因此，在相关小节的结尾处没有强调需要反复练习。这是因为本章的重点在于综合使用与解决问题的思路，而 ticks 的作用主要在于示范如何通过一步一步的探索过程来解决问题。

　　在实际工作中，通过这样不断探索去解决具体问题的过程是日常工作中的一部分，而具体某一个组件的细节只需要根据简单的线索多次尝试（通常是几十次）即可了解。想要具备这种能力，途径只有一个，就是大量亲自动手练习，及时、主动思考总结，与童鞋或同行进行高效率、高质量的交流。

# 7.5　习　　题

## 7.5.1　基础部分

　　1．在 Colab 上完成 7.1.1 节的练习，并总结区别。
　　2．尝试在 7.3.1 节示例 7-44 中使用默认步长的效果。
　　3．将 7.3.2 节中示例 7-45 的文本框中心调整到 (0.5, 0.5) 的位置上。

## 7.5.2　扩展部分

　　1．使用自定义函数优化 7.2.3 节示例 7-34 的代码。
　　2．将 7.3.2 节中示例 7-45 的文本框中心调整到 (0.5, 0.5) 的位置上，且隐藏 $x=0.5$，$y=0.5$ 两条线以外的所有网格线，效果如图 7-51 所示。

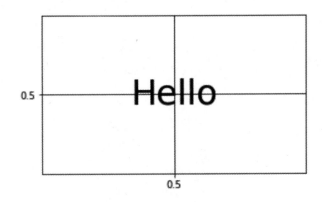

图 7-51　文本框中心调整到 (0.5, 0.5)

　　3．本章中滑动窗口示意图的最终效果与本章开篇时展示的效果略有不同，请尝试分析可能的原因。

# 第 3 篇
## 综合篇

# 第 8 章　源码解读

本章内容是心学内容，请读者认真阅读。

不要慌，不要一看标题就打算直接忽略本章。

为啥要忽略？因为有些纯小白觉得自己基础较为薄弱，不可能看懂这样的章节。但这里笔者以之前的章节做担保，在你掌握了前面章节中的要点基础上，本章的内容可以轻松掌握。

那么我们开始吧！

## 8.1　TensorFlow 示例代码解读

TensorFlow 由谷歌公司开发和维护，是全球范围内最流行的人工智能框架之一。TensorFlow 官网提供了大量的示例，全球范围内的任何人在任何地方都可以免费使用。下面我们一起来体验一下其中的入门示例 basic classification。

### 8.1.1　basic classification 示例简介

在 hrome 浏览器中打开以下 URL[1]：

https://tensorflow.google.cn/tutorials/keras/basic_classification。

或者发送 ai801 至"AI 精研社"，可获取该链接。

页面加载成功后，如图 8-1 所示。

页面中显示的是 TensorFlow 官方示例——基本分类（basic classification）。页面的右侧是该示例的目录，而且是中文版本，这很难得哦！

我们现在的知识储备还不能完全读懂这个示例中的所有代码，但是已经可以读懂其中的一部分了。箭头所示位置的代码是不是很亲切？这两行代码的作用是什么？有奖竞猜！（其实这种问题不应该靠猜了，应该第一时间给出标准答案才对）

有的童鞋已经回答了："导入 NumPy 包并 as 为 np；导入 Matplotlib 包的 pyplot 模块，as 为 plt。"

非常好！前面两行代码即使不解释，童鞋们也能清楚其作用了，即导入 TensorFlow 包，从 TensorFlow 包中导入 keras 模块。

---

1　对应的英文版为 https://www.tensorflow.org/tutorials/keras/basic_classification。

图 8-2 中箭头所示位置是在 Colab 上运行该示例的链接，单击即可在 Colab 中打开示例 8-2（使用本地环境的童鞋请先参考 8.3 节安装好 TensorFlow），如图 8-3 所示。

图 8-1　训练首个神经网络：基本分类

图 8-2　Colab 链接

当前环境是全英文的了，所以大家明白了前面为什么说中文版难得了吧。因此本书在第 1 章中就明确指出，英语好是进入人工智能领域的"标配"。

鼠标移动到图 8-3 中的箭头所示位置，[ ] 变为运行按钮，单击该按钮运行 Cell，代码运行结果如图 8-4 所示。

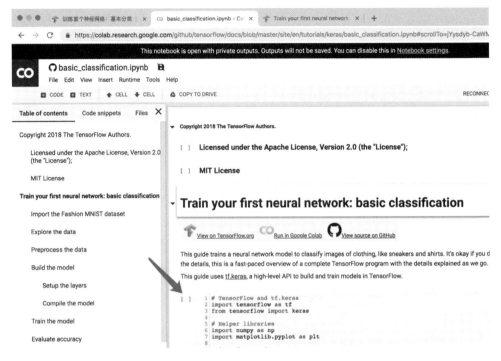

图 8-3　Colab 中加载示例 basic classification

图 8-4　查看 TensorFlow 版本

其中，print(tf.\_\_version\_\_) 的作用是输出当前环境中 TensorFlow 的版本。即使基于本地环境进行学习的童鞋，经过前面的章节也已经体验过同一个包不同版本（如 Colab 与 MyBinder 上 Matplotlib）的区别了。因此，在使用新环境之前先确认一下关键包的版本是一个良好的习惯。

成功运行了 TensorFlow（示例 8-4）的第一个代码段，是不是很简单！以下是本节要点：

- 使用 TensorFlow 的第一步是导入包和模块，这与 Matplotlib、NumPy 相同[2]，导入 TensorFlow 时 as 成 tf 也是社区中的习惯。因此在很多文章中，也常常将 TensorFlow 简称为 tf。
- 通过 tf.\_\_version\_\_ 可以查看 TensorFlow 的版本的版本号。

## 8.1.2　最简体验数据集

DL 的发展离不开数据，DL 模型的训练也是基于数据集进行的[3]。

官方示例 basic classification 第 2 个代码段（图 8-5 所示）的作用即是加载 Fashion MNIST 数据集。

6.4.1 节中介绍了 DL 算法训练的流程，其中有这样一个步骤，给阿法喵若干张图，并告诉阿法喵图中有没有猫（label）；其中每一张图都是一个样本（sample），所有的样本组成一个数组集（dataset），如果一张图有对应的 label，则称这张图为有标注的样本（labeled sample）。

以 Fashion MNIST 为例，images 存储的每张图像都是一个样本，labels 存储的是与之对应的标签[4]。

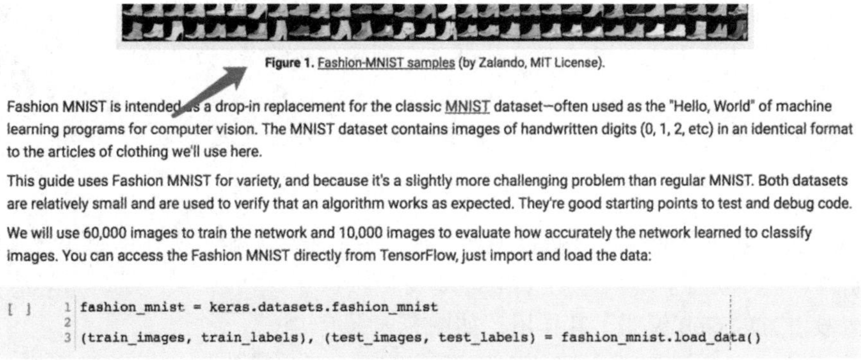

Figure 1. Fashion-MNIST samples (by Zalando, MIT License).

Fashion MNIST is intended as a drop-in replacement for the classic MNIST dataset–often used as the "Hello, World" of machine learning programs for computer vision. The MNIST dataset contains images of handwritten digits (0, 1, 2, etc) in an identical format to the articles of clothing we'll use here.

This guide uses Fashion MNIST for variety, and because it's a slightly more challenging problem than regular MNIST. Both datasets are relatively small and are used to verify that an algorithm works as expected. They're good starting points to test and debug code.

We will use 60,000 images to train the network and 10,000 images to evaluate how accurately the network learned to classify images. You can access the Fashion MNIST directly from TensorFlow, just import and load the data:

```
1  fashion_mnist = keras.datasets.fashion_mnist
2
3  (train_images, train_labels), (test_images, test_labels) = fashion_mnist.load_data()
```

图 8-5　加载 Fashion MNIST 数据集

---

2　是 Python 中使用 TensorFlow 的方式，因为 TensorFlow 不仅支持 Python，还支持 JavaScript、C++、Java、Go、Swift，相关信息请访问 URL：https://tensorflow.google.cn/api\_docs/。

3　限于篇幅，本书中未能包含对 DL 模型及训练的讲解，这部分内容是下一本书的主题，敬请关注哦！

4　瓜书中将 label 翻译成标记，也有一些资料称之为标注，但此处使用的是 Tensorflow 的官方示例，因此采用了示例中的翻译，即标签。同学们选择自己喜欢的翻译即可。明明是同一个概念 label，但是不同的资料中的翻译可能会不同，这也是纯小白入门艰难的原因之一。因此，从长远发展的角度考虑，学好专业英语可以显著提升学习效率与效果。

在 Colab 中继续向下浏览页面，或直接在页面中搜索箭头所示关键字 Figure 1，即可定位到加载数据集代码段。注意，Figure 与 1 之间有一个半角空格。

加载数据集的代码段只有 2 行，首次成功运行，会显示下载进度，如图 8-6 所示。

```
1  fashion_mnist = keras.datasets.fashion_mnist
2
3  (train_images, train_labels), (test_images, test_labels) = fashion_mnist.load_data()
4

Downloading data from https://storage.googleapis.com/tensorflow/tf-keras-datasets/train
32768/29515 [==============================] - 0s 0us/step
Downloading data from https://storage.googleapis.com/tensorflow/tf-keras-datasets/train
26427392/26421880 [==============================] - 0s 0us/step
Downloading data from https://storage.googleapis.com/tensorflow/tf-keras-datasets/t10k-
8192/5148 [==============================] - 0s 0us/step
Downloading data from https://storage.googleapis.com/tensorflow/tf-keras-datasets/t10k-
4423680/4422102 [==============================] - 0s 0us/step
```

图 8-6　通过 Colab 下载 Fashion MNIST 数据集

如果是本地环境，这段代码可能无法成功运行。这是由于 fashion_mnist.load_data()方法如果在默认路径下未找到数据集，则会从 Google 服务器下载。而由于网络传输的不确定性，这样的直接下载可能会失败。

解决方法是通过其他方式下载数据集到本地，然后将下载好的数据集放置在 ~/.keras/dataset 目录下。

💭注意：波浪线紧跟斜杠~表示用户主目录；.keras 这个文件夹名以一个点开头，位于用户主目录下。发送"本地数据集"到微信公众号"AI 精研社"，可以获取该目录。

手动下载数据集可以有多种方案，其中一种方案是，在完成 8.3.1 节后，从 MyBinder 上下载数据集。

此外，也可以联系助教，请助教（兼客服）帮忙下载，相关操作即是第 2 章与第 3 章提及的折腾环境部分了，因此不在书中详细展开。

代码段下方的 Cell 说明了其作用，如图 8-7 所示。

可执行的代码与说明性文档结合使用，可以让用户轻松地读懂并掌握 Notebook 中的内容。如果喜欢中英文双语的，可参照 tensorflow.google.cn 上相应的段落，如图 8-8 所示。

对于纯小白，上面的内容可能仍然有些复杂，所以我们只关注其中的两个变量，即 train_images 和 train_labels，变量的名字相当直白了，分别表示用于训练（train）的图像（images）及标签（labels）。

我们先体验 images，再体验 labels。

　　图 8-9 中箭头所示位置是这个示例（basic classification）的目录，单击方框所示标题，示例页面跳转到相应的代码段，运行 Cell，如图 8-10 所示。

Figure 1. Fashion-MNIST samples (by Zalando, MIT License).

Fashion MNIST is intended as a drop-in replacement for the classic MNIST dataset—often used as the "Hello, World" of machine learning programs for computer vision. The MNIST dataset contains images of handwritten digits (0, 1, 2, etc) in an identical format to the articles of clothing we'll use here.

This guide uses Fashion MNIST for variety, and because it's a slightly more challenging problem than regular MNIST. Both datasets are relatively small and are used to verify that an algorithm works as expected. They're good starting points to test and debug code.

We will use 60,000 images to train the network and 10,000 images to evaluate how accurately the network learned to classify images. You can access the Fashion MNIST directly from TensorFlow, just import and load the data:

```
1 fashion_mnist = keras.datasets.fashion_mnist
2
3 (train_images, train_labels), (test_images, test_labels) = fashion_mnist.load_data()
```

Loading the dataset returns four NumPy arrays:

- The train_images and train_labels arrays are the *training set*—the data the model uses to learn.
- The model is tested against the *test set*, the test_images, and test_labels arrays.

The images are 28x28 NumPy arrays, with pixel values ranging between 0 and 255. The *labels* are an array of integers, ranging from 0 to 9. These correspond to the *class* of clothing the image represents:

图 8-7　fashion_mnist.load_data()方法的解释

可以从 TensorFlow 直接访问 Fashion MNIST，只需导入和加载数据即可：

```
fashion_mnist = keras.datasets.fashion_mnist

(train_images, train_labels), (test_images, test_labels) = fashion_mnist.load_data()
```

```
Downloading data from http://fashion-mnist.s3-website.eu-central-1.amazonaws.com/trai
32768/29515 [==============================] - 0s 5us/step
Downloading data from http://fashion-mnist.s3-website.eu-central-1.amazonaws.com/trai
26427392/26421880 [==============================] - 7s 0us/step
Downloading data from http://fashion-mnist.s3-website.eu-central-1.amazonaws.com/t10k
8192/5148 [==============================] - 0s 0us/step
Downloading data from http://fashion-mnist.s3-website.eu-central-1.amazonaws.com/t10k
4423680/4422102 [==============================] - 5s 1us/step
```

目录
导入 Fashion MNIST 数据集
探索数据
预处理数据
构建模型
　设置层
　编译模型
训练模型
评估准确率
做出预测

加载数据集会返回 4 个 NumPy 数组：

- train_images 和 train_labels 数组是训练集，即模型用于学习的数据。
- 测试集 test_images 和 test_labels 数组用于测试模型。

图像为 28x28 的 NumPy 数组，像素值介于 0 到 255 之间。标签是整数数组，介于 0 到 9 之间。这些标签对应于图像代表的服饰所属的类别：

图 8-8　中文版说明

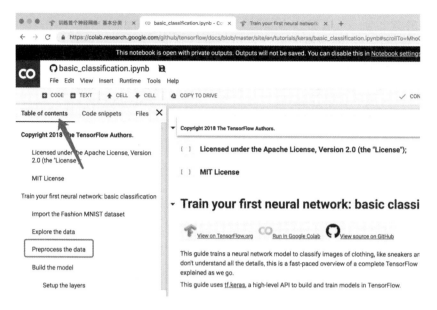

图 8-9　示例（basic classification）目录

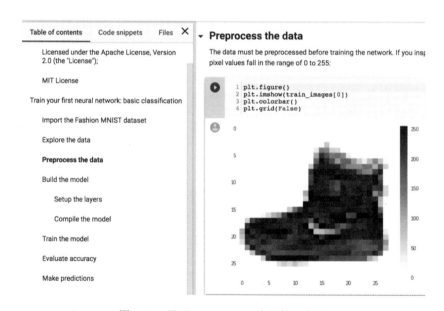

图 8-10　显示 train_images 中的第 1 张图

虽然 section 的标题是 Preprocess the data[5]，但是这个 Cell 中的代码是在显示 train_images 中的第 1 张图。

---

[5] Preprocess the data 的含义是预处理数据，即将 0~255 的值压缩成 0~1 的范围，这个操作也是童鞋们早已熟练掌握的内容；该 Cell 中并不是预处理数据，而是显示 images 中的图像。

老黑举手了："为什么图片显示得不清楚呀？是不是代码有问题？"

有这个疑问很正常，不用怀疑代码和显示器，这个数据集里的每张图的分辨率都是 28×28，而当前任何一款普通智能手机拍出的照片分辨率至少是 1000×1000，是这张图的 1000 倍。因此我们看起来感觉图片不清楚是非常正常的。

值得一提的是，如此低的分辨率，以致于人眼都可能分不清楚，AI 却能"看"清楚，恰好说明了 AI 和 DL 的强大之处。

还需要说明的是，不是所有的数据集都是这种分辨率，随着学习的深入，童鞋们将使用到大量高分辨率的数据集。

imshow()和 grid()方法是我们早已掌握的知识点。colorbar()方法用于显示当前 image 的颜色方案，如白色的值是 0、黑色为 255，某种程度的灰色为 100。

大白举手了："colorbar()方法显示黑色为 255，可是前面我们使用 imshow()方法时白色才是 255，这是为什么呢？"

非常好！这个问题说明大白童鞋前面的学习很扎实。

这是因为，前面章节中我们使用的颜色方案是 cmap='gray'，而 colab 默认 cmap 值为 'Greys'。'Greys'颜色方案中黑色为 255，白色为 0，与'gray'正好相反。colorbar()方法不是本节的要点，因此不再进一步展开。

虽然前面的章节中没有专门讲解 plt.figure()方法，但是不难看出，这个方法的作用是创建一个新的 figure。插入 Cell，最简体验 plt.figure()方法，代码及运行结果如图 8-11 所示。

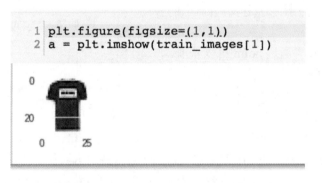

图 8-11　显示 train_images 中的第 2 张图

第一行的作用是创建一个指定 size 的 figure，第 2 行则是在这个新 figure 上显示 train_images 中的第 2 张图。刚刚这两个示例（示例 8-10 和示例 8-11），如果不是在 Colab 上运行，显示效果可能不是灰度图，需要传参'Greys'，如图 8-12 所示。

Fashion MNIST 中的每张图像都是 28 像素×28 像素的灰度图，而 train_images 中的元素则是一个 28 行 28 列的数组，通过数组的 shape 属性可以获取相关信息。代码及运行结果如图 8-13 所示。

train_images 中的每个元素都是 1 张灰度图，每张图都是 1 个二维数组。而 train_images

中存储了 60000 张图，因此，train_images 是一个 shape 为(60000, 28, 28)的数组，代码及运行结果如图 8-14 所示。

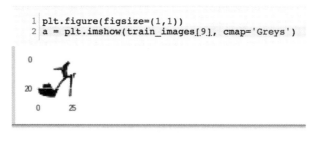

图 8-12 显示 train_images 中的第 9 张图

```
1 train_images[99].shape
```

(28, 28)

```
1 train_images.shape
```

(60000, 28, 28)

图 8-13 一张图的 shape

图 8-14 train_images 的形状

因此，train_images 是一个三维数组。能否通过代码来获取数组 train_images 的维度呢？

有奖竞猜！（提示：这是我们前面讲过的知识哦！）

香蕉姐举手了："通过 ndim 可以获取。"

回答的非常好。代码及运行结果如图 8-15 所示。

```
1 train_images.ndim
```

3

图 8-15 通过 ndim 获取数组 train_images 的维度

以下是本节要点：

- 以 Fashion MNIST 为例，我们重点关注其中的两个变量：train_images 和 train_labels。train_images 中存储的每张图像都一是个样本，train_labels 中存储的是与之对应的标签。
- 如果一张图有对应的 label（标签），则称这张图为有标注的样本（labeled sample），Fashion MNIST 中的每张图都是 labeled sample。
- train_images 是一个三维数组。

## 8.1.3 Fashion MNIST 数据集的 label

上一节中我们体验了 Fashion MNIST 中的 3 张图，分别代表了 3 种不同的服饰。Fashion MNIST 中的服饰共分为 10 类，TensorFlow 官网中列出了这些类别及相对应的标签，如图 8-16 所示。

图 8-16 Fashion MNIST 的类别与标签

类别是给咱们人类看的，而标签是提供给算法用于训练的。train_labels 中存储的就是与 train_images 中的图一一对应的标签。代码及运行结果如图 8-17 所示。

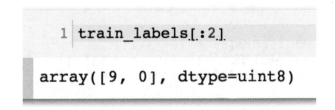

图 8-17 train_labels 中前两个元素

train_labels 中前两个元素的值分别是 9 和 0，对应的类别是踝靴和 T 恤。train_labels 中存储的只是标签，所以 train_labels 的 shape 是多少呢？有奖竞猜！一定要先自己思考，不要想都没想就敲代码查看哦！

提示，train_labels 存储的是 60000 张图的标签，每个标签都是 1 个 0~9 之间的整数。

有不少童鞋的答案是(60000,1)，我们来验证下，代码及运行结果如图 8-18 所示。

前面章节明确区分过(60000,)与(60000,1)这两个 shape 的区别是前者是一维，后者是二维。

在深度学习实践中，时刻保持对数据维度的准确掌握是非常重要的哦！在开发的过程中，经常要查看当前图片的所属分类，如果每次都要查表就略显麻烦了，所以示例 basic classification 将类别按顺序存储在一个 list 变量中，如图 8-19 所示。

```
1  train_labels.shape
```

```
(60000,)
```

图 8-18　train_labels 的形状

| Label | Class |
| --- | --- |
| 0 | T-shirt/top |
| 1 | Trouser |
| 2 | Pullover |
| 3 | Dress |
| 4 | Coat |
| 5 | Sandal |
| 6 | Shirt |
| 7 | Sneaker |
| 8 | Bag |
| 9 | Ankle boot |

Each image is mapped to a single label. Since the *class names* are not included with the dataset, store them here to use later when plotting the images:

```
1  class_names = ['T-shirt/top', 'Trouser', 'Pullover', 'Dress', 'Coat',
2                 'Sandal', 'Shirt', 'Sneaker', 'Bag', 'Ankle boot']
```

图 8-19　将类别按顺序存储在 class_names 中

单击运行按钮，完成对 class_names 变量的赋值。有了这个变量，显示图像时就可以同时显示相应的类别了，代码及运行结果如图 8-20 所示。

```
1  plt.figure(figsize=(1,1))
2  a = plt.imshow(train_images[1])
3  plt.xlabel(class_names[train_labels[1]])
```

```
Text(0.5,0,'T-shirt/top')
```

图 8-20　显示相应类别

通过 xlabel()方法可以在 $x$ 轴的下方显示指定文本。Cell 的输出明确指出了，该方法的返回值是一个 matplotlib.text.Text 类的实例，这也是我们的老朋友了。

图 8-21 中的坐标轴 tick 对查看图像及标签可能没什么帮助，所以可以将这些元素隐藏起来以免分散注意力。

```
1  plt.figure(figsize=(1,1))
2  a = plt.imshow(train_images[1])
3  tx = plt.xlabel(class_names[train_labels[1]])
4  plt.xticks([])
5  t = plt.yticks([])
```

图 8-21　隐藏坐标轴 tick

以空 list 作为 plt.xticks()和 plt.yticks()方法的参数，是查看数据集中图像的常用技巧之一。

以下是本节要点：

- train_labels 的 shape 为(60000,) 在深度学习实践中，要时刻保持对关键节点上数据维度的准确掌握。
- xlabel()方法可以在 $x$ 轴的下方显示指定文本。
- 以空 list 作为 plt.xticks()和 plt.yticks()方法的参数，是查看数据集中图像隐藏坐标轴 tick 的常用技巧之一。

## 8.1.4　批量查看图像

数据科学和人工智能领域在真正使用数据、处理数据之前需要探索数据，了解数据的一些特点，如查看数据的 shape，显示部分样本图像及标签等。

8.1.2 节和 8.1.3 两节就是在做这项工作。但是一次查看一张图效率似乎不高，那么有没有什么方法，可以批量查看数据集中的图像呢？

basic classification 示例通过遍历实现了批量查看图像的功能，如果 8-22 所示。

单击图 8-22 中方框所示的目录（Build the model），Notebook 将跳转到 Build the model 小节，按键盘的 Pgup 键（或向上滚动页面），即可定位到该代码段。这段代码的作用是从 train_images 读取 25 张图片，批量显示在 5 行 5 列中。其中的大部分 plt 方法都是我们已经掌握的内容，只有一个新知识点，即 plt.subplot()方法，注意方法名结尾处是 t

不是 ts。该方法也是用于生成 Axes 类，并且前两个参数与 plt.subplots()方法相同，分别是行数和列数。

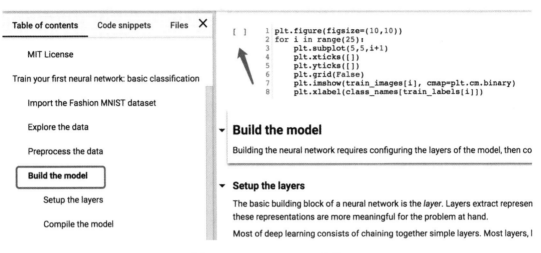

图 8-22　Build the model 小节

插入 Cell，代码及运行结果如图 8-23 所示。

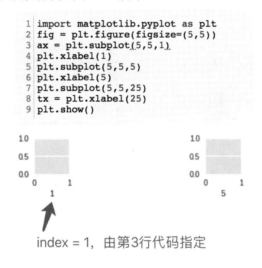

图 8-23　体验 plt.subplot()方法

plt.subplot()方法的第 3 个参数是 Axes 位置[6]，5 行 5 列共 25 个位置，第 1 行的位置为编号 1~5，第 2 行为 6~10，……，第 5 行（也是最后一行）的位置编号为 21~25。

示例 8-23 中第 3 行、第 5 行和第 7 行分别指定了 3 个位置，即左上角（label 为 1）、右上角（label 为 5）和右下角（label 为 25）。

仔细对比这 3 行代码就会发现，这 3 行代码的唯一区别就是第 3 个 plt.subplot()方法的第 3 个参数 index。

为了体验 plt.subplot()方法的返回值，设置位置 1 处 Axes 的 ticks，代码及运行结果如图 8-24 所示。

```
1 ax.set_xticks([])
2 ax.set_yticks([])
3 fig
```

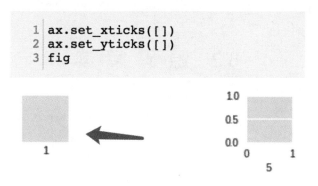

图 8-24　设置位置 1 处 Axes 的 ticks

通过 set_yticks()与 set_xticks()方法，设置箭头所示位置 1 处的 Axes 不显示 ticks。

直接手动操作每个 Axes 显然是低效率的，因此 basic classification 示例中的这段代码遍历操作 25 个位置，显示相应的图像。代码及运行结果如图 8-25 所示。

```
[ ]  1 plt.figure(figsize=(10,10))
     2 for i in range(25):
     3     plt.subplot(5,5,i+1)
     4     plt.xticks([])
     5     plt.yticks([])
     6     plt.grid(False)
     7     plt.imshow(train_images[i], cmap=plt.cm.binary)
     8     plt.xlabel(class_names[train_labels[i]])
```

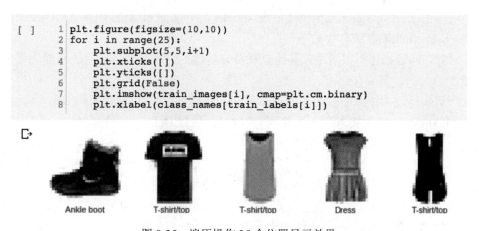

图 8-25　遍历操作 25 个位置显示效果

---

6　Python（如 list、tuple、array）中的 index 通常是从 0 开始计数，而这里文档中虽然也称为 index，但却从 1 开始，因此为了避免混淆，这里称位置。

Axes 位置的起始值是 1，而遍历中临时变量 i 的起始值是 0，因此需要+1。而 train_labels 的类型是 numpy.ndarray，index 起始值是 0，直接使用 i 即可。

plt.imshow()方法中 cmap 的参数是 plt.cm.binary，童鞋们可以自行对比该颜色方案与 'Greys'和'gray'的显示效果。

以下是本节要点：

- plt.subplot()方法的前 3 个参数依次是行数、列数和 Axes 位置，返回指定位置处的 Axes，Axes 位置的起始值是 1。
- 综合使用遍历和 plt.subplot()方法可以批量显示多张图，这是讨论 CV 问题时的常用 探索数据技巧。

# 8.2　源　码　解　读

阅读源码是了解童鞋、同行和同事工作的最常用手段之一，是提高自己编码水平的重 要手段之一，也是辅助理解算法思想的重要手段之一。本节将带领童鞋们一起最简体验阅 读源码的过程。

## 8.2.1　最简体验源码解读

课下练习时，很多童鞋都在讨论有关 ticks 的问题，也有不少童鞋直接把想法和问题 发给了助教，这样的氛围真的很好，要保持哦！

有关 ticks 的讨论，请两位童鞋代表大家说下最关心的是哪个问题。

小明举手了："matplotlib.pyplot 中有关 ticks 的方法如 plt.xticks([]) 与 Axes 中的相关 方法如 ax.set_xticks()方法有啥关系？"

非常好，问题描述得很清楚，其他童鞋要好好学习这一点，讨论问题时要先把问题描 述清楚。

这个问题通过阅读源码的方式就可以解决，代码及运行结果如图 8-26 所示。

在 plt.xticks([])前面输入 2 个半角问号（?），运行 Cell，页面底部弹出 Colab 帮助窗 口，窗口中显示的即是 plt.xticks([])方法的源码。

def 行下面显示的是源码中的注释部分，大段的注释通常使用 3 个连续的双引号（"""） 开始，同样也是 3 个连续的双引号结束，注释部分是不被执行的，是给开发者看的。

在帮助窗口中向下滚动页面，可以看到注释的结束部分，如图 8-27 所示。

正式代码的第一行是 gca()方法用于获取当前的 Axes 实例，简单了解即可，不是要点。

args 是用户调用该方法时传进来的参数。虽然前面讲解过函数传参的过程，但由于这 个知识点很重要，因此再简单重复下。我们假定 plt.xticks()方法是大白童鞋提供的，小明 童鞋调用该方法。

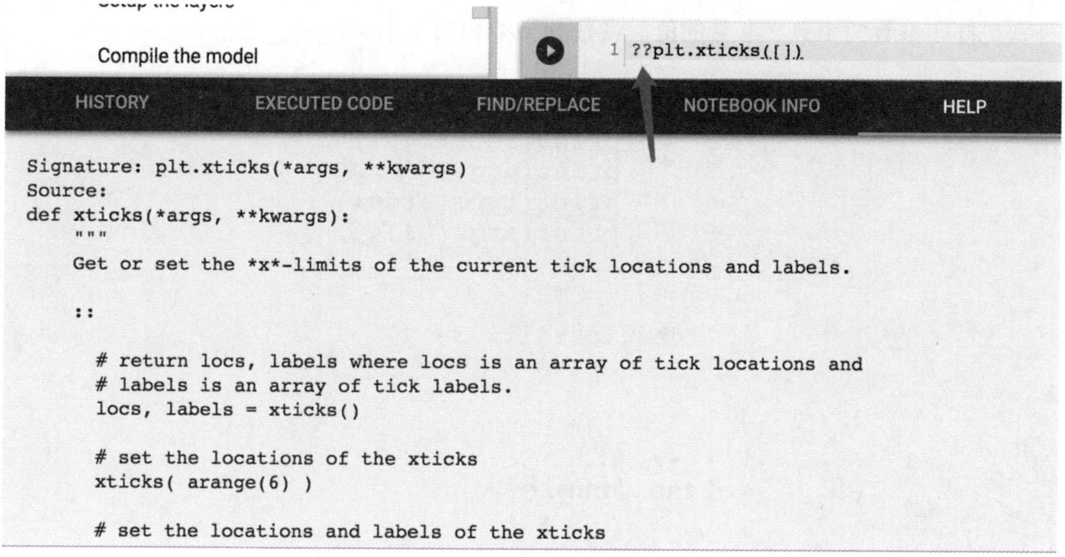

图 8-26　Colab 帮助窗口

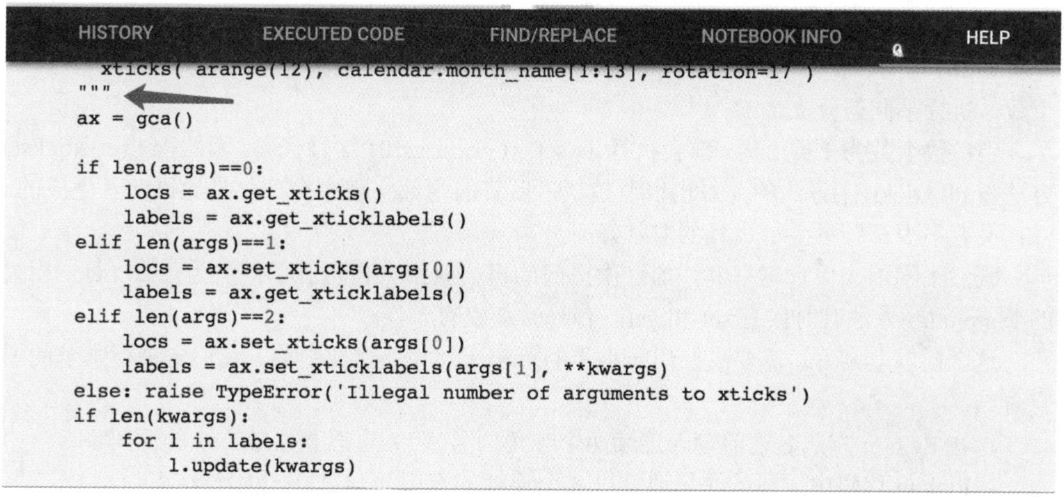

```
Signature: plt.xticks(*args, **kwargs)
Source:
def xticks(*args, **kwargs):
    """
    Get or set the *x*-limits of the current tick locations and labels.

    ::

        # return locs, labels where locs is an array of tick locations and
        # labels is an array of tick labels.
        locs, labels = xticks()

        # set the locations of the xticks
        xticks( arange(6) )

        # set the locations and labels of the xticks
```

```
        xticks( arange(12), calendar.month_name[1:13], rotation=17 )
    """
ax = gca()

if len(args)==0:
    locs = ax.get_xticks()
    labels = ax.get_xticklabels()
elif len(args)==1:
    locs = ax.set_xticks(args[0])
    labels = ax.get_xticklabels()
elif len(args)==2:
    locs = ax.set_xticks(args[0])
    labels = ax.set_xticklabels(args[1], **kwargs)
else: raise TypeError('Illegal number of arguments to xticks')
if len(kwargs):
    for l in labels:
        l.update(kwargs)
```

图 8-27　plt.xticks([])源码

　　小明调用该方法的目的是为了隐藏 Axes 的 ticks，因此传给大白的参数是空的 list，大白得到的参数通过 args 可以获取到这个参数。我们定义一个新的方法来体验方法中的参数，代码及运行结果如图 8-28 所示。

　　db 表示大白，方法名为 dbxticks，圆括号里的参数与之前自定义方法时略有不同，参数名的前面加了一个半角星号（*），表示参数可以有多个。

　　通过第 2 个 Cell 的运行结果可以很清楚地了解到第 1 个 Cell 方法体中代码的作用，

分别是打印参数的个数、参数的值、参数的类型和第 1 个参数。

```
1  def dbxticks(*args):
2      print(len(args))
3      print(args)
4      print(type(args))
5      print(args[0])
```

```
1  dbxticks(1,2,3)
```

```
3
(1, 2, 3)
<class 'tuple'>
1
```

图 8-28　自定义方法

将传入的所有参数视为一个整体时，这个整体即是一个 tuple。

有了上述基础，就可以明白 plt.xticks([])方法源码中的逻辑了，通过判断传入参数的个数，执行不同的分支。

当参数个数为 1 或 2 时，都会执行 ax.set_xticks(args[0])这行代码，因此，ax.set_xticks()方法与 plt.xticks([])方法的关系也很清楚了，后者的内部实现中有部分是通过前者完成的。

又有不少童鞋举手了，真的非常好！

既然刚刚用大白童鞋举例，那这次提问的机会就给大白童鞋了："为什么 ticks 相关的 Matplotlib 方法有时候有 set 和 get，有时候却没有？"

这个问题非常好，需要我们用一小节的篇幅来讨论。在此之前，我们先进行本节的要点总结：

- 在 Python 方法名之前输入连续两个半角问号（?）可以查看该方法的源码。
- Python 代码中大段的注释通常以 3 个连续的双引号（"""）开始与结束。
- 自定义方法时，通过在参数名前加星号（*），可以使方法接收多个参数。

## 8.2.2　解惑 ticks 的 set 与 get

set 和 get 是常用的方法名组成部分，以 set 开头的 Python 方法通常用于设置某些参数或属性值，以 get 开头的 Python 方法通常用于获取某些参数或属性值。

按照这个习惯，通过 ax.set_xticks()方法名就可以了解其作用，即设置 $x$ 轴的 ticks，ax.get_xticks()方法则是获取 $x$ 轴的 ticks。

而 plt.xticks()方法则是将这两种功能合二为一，当调用者没有传参时，该方法体现出 get 的功能，获取 x 轴的 ticks；当调用者传参时，该方法体现出 set 的功能，设置 x 轴的 ticks。

童鞋们请先自己思考下如何设计一段代码来最简体验上述方法。

香蕉姐分享了 Notebook，代码及运行结果如图 8-29 所示。

```
1 fig, ax = plt.subplots()
2 tks = plt.xticks()
```

图 8-29　为 ax 和 tks 赋值

ax 存储新生成的 Axes 实例，tks 存储 plt.xticks()方法的返回值，需要注意的是，tks 是一个 tuple，其中的第一个元素才是真正存储 ticks 的 numpy.ndarray。

查看比较两个数组，代码及运行结果如图 8-30 所示。

```
1 tks[0]
```
```
array([0. , 0.2, 0.4, 0.6, 0.8, 1. ])
```
```
1 ax.get_xticks()
```
```
array([0. , 0.2, 0.4, 0.6, 0.8, 1. ])
```

图 8-30　查看比较两个变量

tks 中的第一个元素与 ax.get_xticks()方法的返回值都是 numpy.ndarray，存储了当前 Axes 横轴的 ticks。可以通过两个连续等号判断两个数组是否相等。代码及运行结果如图 8-31 所示。

```
1 tks[0] == ax.get_xticks()
```
```
array([ True,  True,  True,  True,  True,  True])
```

图 8-31 判断两个数组是否相等

代码的运行结果也验证了我们的理解。

在学习的过程中随手通过代码验证自己的理解是一个非常重要的习惯，可以提升自己对代码的熟练程度，加深对概念、理论的理解，而且这些用于验证理解、验证想法的代码经常可以作为实际项目的原型代码。

在 plt.xticks()方法的原码中，注释的第一行已经概括了 plt.xticks([])方法的作用，代码及运行结果如图 8-32 所示。

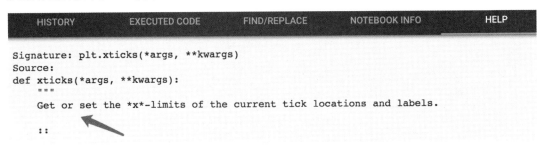

图 8-32　plt.xticks()方法原码中的第一行注释

即 get（获取）或 set（设置）当前 tick 的位置与 labels。

本节带大家一起体验了 plt.xticks()与 ax.get_xticks()的关系，有关 plt.yticks()与 ax.get_yticks()的关系请童鞋们自行设计代码来验证哦。

以下是本节要点总结：

- set 和 get 是常用的方法名组成部分，以 set 开头的方法通常用于设置某些参数/属性值，以 get 开头的方法通常用于获取某些参数/属性值，这种命名习惯不仅仅适用于 Python，也适用于其他语言，如 Java 语言。
- 另一种编码风格是将 set 和 get 合二为一，当调用者没有传参时，该方法体现出 get 的功能，当调用者传参时，该方法体现出 set 的功能。

本节与其他节的内容相比可能略显理论化，如果童鞋们以后成为了职业程序员就会发现，每天的日常工作就是大量的 set 和 get。

# 8.3　基于 Notebook 服务的开发环境复现

本地 Python 环境通常没有 TensorFlow，因此需要自行安装。

传统方式安装第三方 Python 包通常是在命令界面中完成的，这种方式的安装过程不容易完整记录。通过 Notebook 安装第三方 Python 包则可以很方便地记录、分享和交流。

## 8.3.1　Cell 内安装 TensorFlow

Colab 上已经安装了 TensorFlow，因此使用 MyBinder 作为演示平台，本地环境下操作基本相同[7]。

通过 Chrome 浏览器访问以下 URL：

https://mybinder.org/v2/gh/MachineIntellect/DeepLearner/master?filepath=ai-803.ipynb
或者发送 ai 803 至"AI 精研社"，可获取该链接。

Notebook 成功加载后如图 8-33 所示。

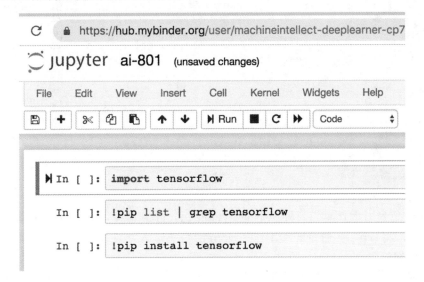

图 8-33　ai-801.ipynb 页面

运行第一个 Cell，报错，如图 8-34 所示

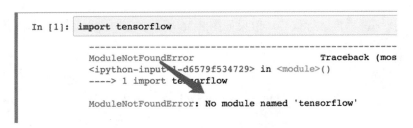

图 8-34　导入 TensorFlow 失败

这是 Python 开发中最常见的错误之一，也是很多初学者经常交流的问题"为什么同样的代码，在有的计算机上可以跑通，在有的计算机上却报错？"

具体到这行代码上，问题则是为什么同样的一行代码在 Colab 上可以跑通，在 MyBinder 上却会报错？这是因为 Colab 上预装了 TensorFlow，而 MyBinder 则没有。

因此，在今后的学习、工作中遇到 No module named 'tensorflow' 时，第一时间不要问

---

7　只是基本相同，操作系统（如 Ubuntu、CentOS、Mac OS、Windows）、软件版本和网络状况都可能对安装过程产生影响。

别人，也不要立即 Google，先 grep 查看一下，即第 2 个 cell 中的命令。运行代码后无输出，效果如图 8-35 所示。

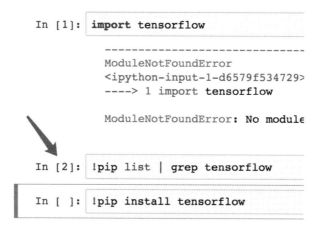

图 8-35　pip list 命令

　　pip list 命令用于查看当前环境下的 Python 包，grep 命令用于查找和筛选。中间的竖线表示 pipe，将 pip list 命令的输出作为 grep 命令的输入，连在一起整体的功能是查找当前环境下名称包含 tensorflow 的 Python 包。

　　箭头所示位置表示该 Cell 已经运行了，方括号中的 2 表示该 Notebook 运行了两个 Cell（不论运行成功或失败）。

　　代码没有报错，说明命令成功运行[8]。但当前环境中没有安装 TensorFlow，因此没有任何输出。

　　改变查找字符串再运行代码，效果如图 8-36 所示。

```
!pip list | grep ten

widgetsnbextension    3.2.1


!pip list | grep mat

matplotlib    3.0.2
nbformat      4.4.0
```

图 8-36　最简体验 grep 命令

---

8　为了降低初学者的学习成本，这里简单地以未报错来判断代码成功运行与否。但在实际中，代码未报错也不一定表示程序成功运行了，需要具体问题具体分析。

只要 Python 包的名字中包含指定的字符串，就会显示该 Python 包的名字及其版本。pip 前面的半角叹号!是 cell 中运行 Linux 命令的方式，在命令行中运行则不需要加叹号!

通过 pip install 命令可以安装指定的 Python 包，运行效果如图 8-37 所示。

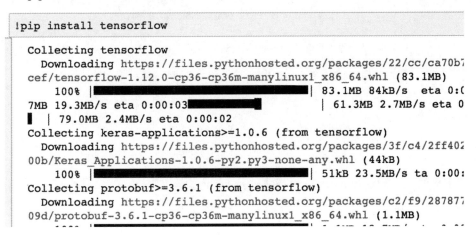

图 8-37　安装 TensorFlow

安装成功后，再运行 import tensorflow 命令，可以完成导入,使用新环境中的第一个操作是查看版本，代码与运行效果如图 8-38 所示。

如果是在 MyBinder 上运行，跑通本节的代码则非常轻松，如果是本地环境，则可能会遇到环境导致的安装问题，通过搜索引擎仍然解决不了的问题，可以找助教寻求帮助哦！

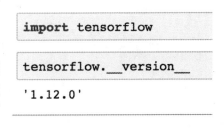

图 8-38　查看 TensorFlow 版本

以下是要点总结：

- 遇到 No module named xxx 错误时，通过 pip list | grep xxx 组合命令确认环境中是否安装了相应组件。
- pip install 命令用于安装第三方 Python 包。
- 通过叹号！可以在 Cell 内运行 Linux 命令。

## 8.3.2　最简体验 Terminal

大量软件研发工作都需要用到 Linux 操作系统，因此在软件研发相关的招聘信息中经常会看到技能要求中有一项是熟练使用 Linux 命令[9]。

---

9　准确地说，是类 UNIX 命令；更准确地说，是命令行形式（与普通用户日常使用的图形化界面相对）的工具软件，也称 bash 或 shell 命令。

Notebook 提供了基于 Web 的 Terminal，用于执行 Linux 命令，如图 8-39 所示。

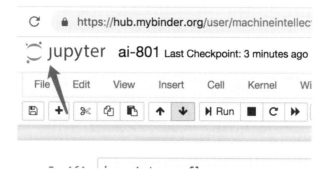

图 8-39　左上角 Logo

单击页面左上角的 Logo，页面将跳转到 home 页，如图 8-40 所示。

图 8-40　home 页

在 home 中单击页面右上角的 New 按钮，弹出 New 下拉菜单，如图 8-41 所示。

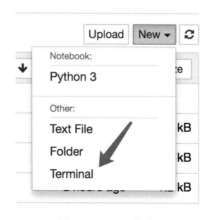

图 8-41　New 菜单

选择下拉菜单中的 Terminal 命令，打开新页面 Terminal，如图 8-42 所示。

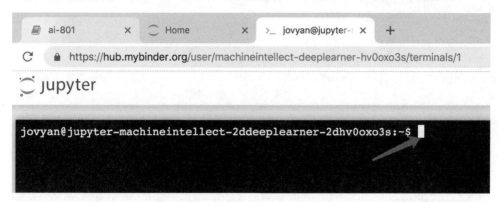

图 8-42　Terminal 页面

如果是中国用户在 MyBinder 平台上使用 Terminal，则可能有 1 秒左右的延迟，如果使用本地环境，通常不会有延迟。

图 8-42 中箭头所示位置是闪动的光标，提示输入命令，注意 Terminal 中不要加叹号。运行效果如图 8-43 所示。

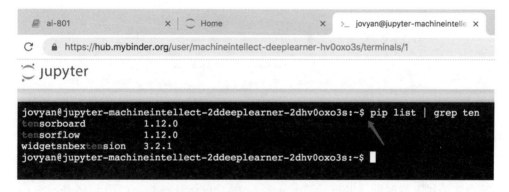

图 8-43　在 Terminal 中查看 Python 包

本节作为前一节内容的扩展，在前面所讲内容的基础上最简体验了 Terminal，本节内容简单了解即可，因此没有要点。

### 8.3.3　体验便捷精准复现

在 Chrome 浏览器中打开以下 URL：

https://mybinder.org/v2/gh/MachineIntellect/DeepLearner/master?filepath=basic_classification.ipynb。

Notebook 成功加载后如图 8-44 所示。

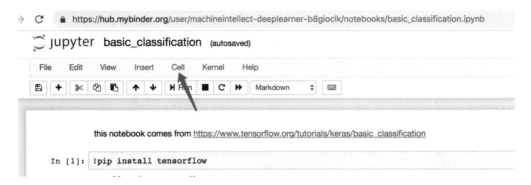

图 8-44　添加了安装命令的 basic classification 示例 Notebook

该 Notebook 来自 TensorFlow 官方 basic classification 示例（也即本章的示例 8-44），Notebook 的第一行便作出了声明。第 2 个 Cell 是 TensorFlow 的安装命令，之后的部分与原版示例完全相同。

单击图 8-44 中箭头所示位置，显示 Cell 菜单，如图 8-45 所示。

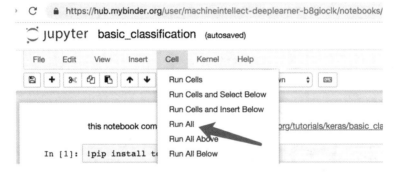

图 8-45　Cell 菜单

选择箭头所示的 Run All 命令，即可运行 Notebook 上的所有 Cell。

等待 3 分钟左右时间，即可看到 Notebook 的全部运行结果，如图 8-46 所示。

**model.predict** returns a list of lists, one for each image in the batch

In [31]:　np.argmax(predictions_single[0])

Out[31]:　9

And, as before, the model predicts a label of 9.

图 8-46　Notebook 的全部运行结果

打开链接、选择菜单、运行 Notebook，只需要 2 步操作与短暂的等待，即可得到运行结果，即使手机上也能完成。学习从未如此简单！

### 8.3.4　一键复现目标检测

对于部分童鞋，即使看到了 basic classification 的运行结果，可能也没有什么感觉。这是因为，这部分童鞋通过 basic classification 的运行结果得到的体验，还没有与他们对人工智能的认知建立起直接的联系。

那我们再来一个更符合大众感官的示例。

在 Chrome 浏览器中打开以下 URL：

https://colab.research.google.com/github/MachineIntellect/Notebooks-for-DL-Learner-on-colab/blob/master/tf_demo_Object_Detection.ipynb。

Notebook 加载成功后如图 8-47 所示。

图 8-47　tf_demo_Object_Detection.ipynb 加载成功

该示例 8-47 的主体部分来自 TensorFlow 的官方示例，但原始的示例是无法在 Colab 上直接成功运行的，笔者在原始 Notebook 的基础上添加了 15 个 Cell 及说明文档。希望更多的小伙伴以此为参考改造其他的经典 Notebook，能够方便更多的学习者基于 Colab 一键复现经典算法。

💡注意：进行以下操作前请确认已经成功登录 Google 账号。

运行菜单命令 Reset all。整个 Notebook 的运行大约需要 5 分钟左右的时间，等待的时候，我们进行以下操作，为下一步的体验预先做好准备。

单击图 8-47 中箭头所示的侧边栏按钮，展开 panel 区域，如图 8-48 所示。

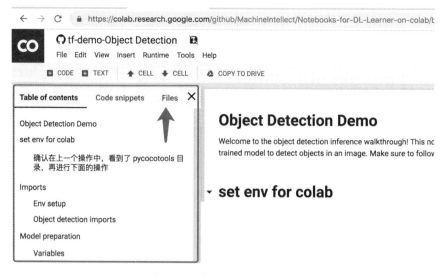

图 8-48　展开左侧 panel 区域

　　图 8-48 中方框所示称为 panel 区域,首次展开该区域时,默认显示当前文档的 Markdown 标题(Title),这就如同一本书的章节目录;箭头所示位置称为 Files 标签页按钮,单击 Files 标签页按钮,panel 区域中将显示默认路径(通常为 /content)下的文件结构,如图 8-49 所示。

图 8-49　models 文件夹

　　单击图 8-49 中箭头所示的 REFRESH 按钮,可以看到 3 个文件夹,分别是 cocoapi、models 和 sample_data。依次展开方框所示的 models 文件夹下的 research、object_detection 和 test_images 文件夹,如图 8-50 所示。

右击文件夹中的 jpg 图像文件，在弹出的快捷菜单中选择 Download 命令下载该文件。下载成功后打开 image1.jpg 文件，可以看到两只可爱的汪星人。同样的操作，下载查看 image2.jpg 文件，图中的内容是游客在海边玩耍。

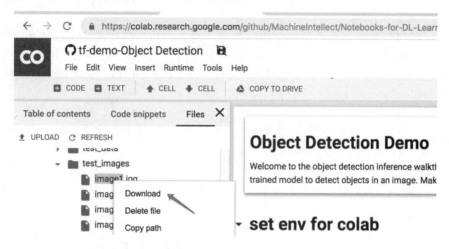

图 8-50　Colab 文件快捷菜单

从计算机或手机上选一张街景图像，或者从版权合规的网站下载 jpg 格式的图像文件。

如果此时 Notebook 尚未完成运行，请稍等片刻，先不要继续后面的操作。一般情况下，该 Notebook 完成运行需要 5 分钟左右的时间。

滚动页面到 Notebook 最底部，完成运行后的 Notebook 如图 8-51 所示。

图 8-51　目标检测结果

图 8-51 中箭头所示的是一个矩形框，这是在 image2.jpg 文件上运行算法得到的目标检测结果，"目标检测"是 CV 领域中的重要课题。

以 image2.jpg 文件为例，天空、海面、沙滩、草地、树林及其中的建筑是这张图的背景，除此之外都是算法要检测的目标，如游客和风筝。

算法的任务是在每个目标周围打上矩形框[10]，这个矩形框的专业术语是 bounding box，代码中经常简写为 bbox。

我们下载查看两个图像文件时并没有看到图像上的矩形框，说明这些框是刚刚运行时算法才画上去的。

图 8-52 和图 8-53 是示例 8-52 中提供的，我们可以上传自己的图像文件，体验目标检测算法。

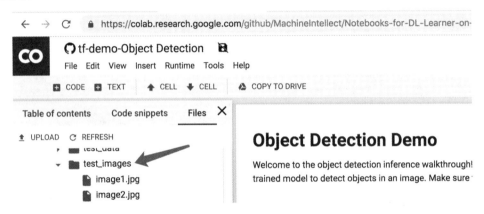

图 8-52　test_images 文件夹

右击 test_images 文件夹，弹出快捷菜单，如图 8-53 所示。

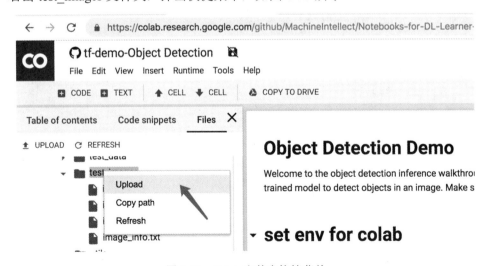

图 8-53　Colab 文件夹快捷菜单

---

10　实际中更加复杂，如 bbox 的准确位置、NMS 算法，但目前只是体验，了解到当前程度即可。

　　将之前准备的街景图像重命名为 image2.jpg。选择图 8-53 中箭头所示的 Upload 命令，上传刚刚重命名的 image2.jpg，注意不要与之前从 Colab 下载的 image2.jpg 混淆。

　　上传时，页面中会弹出提示信息，如图 8-54 所示

> Reminder, uploaded files will get deleted when this runtime is recycled.
> More info
>
> OK

图 8-54　上传文件提示

　　大致内容是提示用户上传的文件将在一段时间后删除[11]。单击 OK 按钮开始上传，视网络情况，等待几秒或几分钟后完成上传，如图 8-55 所示。

图 8-55　detection 代码段

　　单击图 8-55 中箭头所示的运行按钮，重新运行 detection 代码段。大约 3 分钟左右时间，运行完成，即可看到刚刚上传的图像文件也被标上了 bbox。

---

11　用户上传的文件是指 image2.jpg 文件。除了这个文件外，该 Notebook 运行过程中下载了大量的文件，包括 cocoapi 和 models 两个文件夹及其里面的所有子目录与文件。当 Notebook 停止操作一段时间后，这些文件都会被删除。

　　普通的一个图像文件标上 bbox 后立即有了科技感,在大量的影视剧中,经常通过 bbox 来表现通过人工智能技术在全球范围内搜索指定的目标。

　　想批量处理更多（大于 2 张）的图像文件,在 Notebook 查找 TEST_IMAGE_PATHS 变量的赋值代码即可,童鞋们一定要自行尝试哦。

　　本节要点如下:

- 目标检测是 CV 领域的一项重要任务,其输出结果是在给定的图像和视频中为目标打上 bbox;
- colab 文件管理（上传、下载）;
- 复现的含义是,任何人在任何地方运行相同的代码应得到一致的结果。

# 8.4　小　　结

　　8.3.1 节介绍了 Cell 内安装第三方 Python 的方法,通过该方法再结合 Colab、MyBinder 这样的公共 Notebook 服务,在全球范围内可以便捷精准地复现开发环境[12]。

　　8.3.3 节和 8.3.4 节以 TensorFlow 官方示例为基础,带领童鞋们真实体验了如何便捷精准地复现。只需两步简单的操作,即可完成一个神经网络的构建和训练和预测,而且不依赖本地环境,如此便捷精准地复现在以往是很难想象的。

　　设想一个常见的场景,小明在中国,Mike 在美国,两人合作一个项目。基于传统的开发运行环境,小明遇到技术问题时,需要反复与 Mike 沟通环境配置,因为时差有可能会连续沟通数日。而现在,只需在 Notebook 中加上 pip install 及其他环境配置命令即可。小明准备好问题后将链接发送给 Mike,Mike 打开链接可以直接运行,得到的结果与小明的完全一致。

　　这样的沟通方式比旧的方式在效率和效果上都有大幅提高,因此对个人与社区的发展都具有极大的促进作用。

　　Colab 及其他公共 Notebook 服务提供了统一的开发运行环境,以此为基础将学习总结、交流讨论写成 Notebook 的形式,可以便捷精准地将自己的想法和问题传达给全球范围内的任何一位同行。而全球范围内越来越多的社区、组织和个人持续发布高质量的 Notebook,这不仅对初学者,而且对有经验的从业人员及整个社区的发展都产生了积极的作用。

　　希望更多的小伙伴加入 Notebook 的创作队伍中,提高自己的同时,也为社区的发展做贡献。

---

12　另一种解决方案是 Docker。GitHub 上越来越多的项目在开源代码的同时,也提供了 dockerfile。但这种方式对初学者而言略显复杂,同时也不适用于 Azure Notebooks 和 Colab 这样的平台。

# 8.5　习　　题

## 8.5.1　基础部分

1. 以'Greys'颜色方案显示 train_images 中的第 3000 张图及其类别,效果如图 8-56 所示。

2. 以'gray'颜色方案显示 train_images 中的第 10000 张图及其类别,效果如图 8-57 所示。

图 8-56　train_images 中的第 3000 张图　　图 8-57　train_images 中的第 10000 张图

## 8.5.2　扩展部分

1. 显示 train_images 中的第 20000 张图,并显示 colorbar。

2. 同时在一个 figure 中以 3 种 cmap 显示 train_images 的第 10000 张图。

3. 参考 8.2.2 节中的示例,设计代码验证 plt.yticks()与 ax.get_yticks()的关系。

4. 改进 8.3.4 节中 TEST_IMAGE_PATHS 变量的赋值代码,批量处理更多(大于两张)的图像文件。

# |后记|

本书的首要目标是介绍并倡导最简体验的原则。这一原则不仅适用于学习材料（图书、视频、博客及其他形式的教程）的提供者，也同样适用于学习者的具体学习过程。

最简体验原则的具体体现形式之一是能够直接在指定平台（Azure Notebooks、Colab、mybinder.org 或其他平台）上一键复现与预期相符的运行结果。

一个真实的场景是，小明收到推文，多位国际权威专家在讨论某研究机构新发布的一个算法，查看相关文章，打开文章中的 Notebook 链接，Run All，一边等待运行结果，一边查看文章内容详情，对新算法有了大致了解后，Notebook 也已经成功输出了运行结果，与预期相符。

大到一个复杂的人工智能算法，小到一个 Python 基础知识点，任何人在任何地方只要能访问 Notebook 服务，就可以花最少的时间，最高效地获取新知识，从而将时间和精力直接投入到"干货"的学习中。

本书的另一个目标是帮助对人工智能领域感兴趣的读者建立后续学习的基础。

丛书的后续系列书籍，将以 Python、Matplotlib 和 NumPy 为基础，以编写代码的形式学习和理解概率统计、线性代数、数据可视化、数据分析、数据挖掘、机器学习和深度学习等知识，从而亲手实现深度神经网络，并将这些技术应用到实战案例中。

在 Python 的语境下，以呵护兴趣、体验算法和掌握基础语法为目标的情况下，本书没有严格区分方法（method）与函数（function）这两个概念，而统一称为 Python 方法。在 IDE 的选择上，依然是从最简体验原则出发，仅介绍了 Jupyter Netebook 和其升级版本 Jupyter Lab，以及其他 IDE，如 Visual Studio Code 均未提及，在后续的书中会循序渐进地介绍。

限于篇幅，还有很多重要的知识点在本书中都未能详细展开，包含但不限于以下知识点：

- 为自定义 Python 方法设置参数默认值；
- 6.4.3 节中给出了二维卷积的完整代码，但是没有进行解读；
- 多次使用 request.urlopen() 方法，但没有进行讲解；
- 第 7 章案件代码的优化（将常用操作封装成方法）；
- RGB 颜色方案；

- .py 文件与.ipynb 文件。

模型、训练、神经网络、深度神经网络、CNN 和 RNN 等，这些知识点都会在本丛书的后续分册中展开，我们依然是字符级的详细讲解，依然奉行最简体验原则。

本书到这里就告一段落了，期待与童鞋们在微信公众号"AI 精研社"上交流和讨论，更期待在后续的图书中，我们能够继续一起学习，一起进步！

# 推 荐 阅 读

## 深度学习与计算机视觉：算法原理、框架应用与代码实现

作者：叶韵　书号：978-7-111-57367-8　定价：79.00元

**全面、深入剖析深度学习和计算机视觉算法，西门子高级研究员田疆博士作序力荐！**
**Google软件工程师吕佳楠、英伟达高级工程师华远志、理光软件研究院研究员钟诚博士力荐！**

　　本书全面介绍了深度学习及计算机视觉中的基础知识，并结合常见的应用场景和大量实例带领读者进入丰富多彩的计算机视觉领域。作为一本"原理+实践"教程，本书在讲解原理的基础上，通过有趣的实例带领读者一步步亲自动手，不断提高动手能力，而不是枯燥和深奥原理的堆砌。

　　本书适合对人工智能、机器学习、深度学习和计算机视觉感兴趣的读者阅读。阅读本书要求读者具备一定的数学基础和基本的编程能力，并需要读者了解Linux的基本使用。

## 深度学习之TensorFlow：入门、原理与进阶实战

作者：李金洪　书号：978-7-111-59005-7　定价：99.00元

**磁云科技创始人/京东终身荣誉技术顾问李大学、创客总部/创客共赢基金合伙人李建军共同推荐**
**一线研发工程师以14年开发经验的视角全面解析TensorFlow应用**
**涵盖数值、语音、语义、图像等多个领域的96个深度学习应用实战案例！**

　　本书采用"理论+实践"的形式编写，通过大量的实例（共96个），全面而深入地讲解了深度学习神经网络原理和TensorFlow使用方法两方面的内容。书中的实例具有很强的实用性，如对图片分类、制作一个简单的聊天机器人、进行图像识别等。书中每章都配有一段教学视频，视频和图书的重点内容对应，能帮助读者快速地掌握该章的重点内容。本书还免费提供了所有实例的源代码及数据样本，这不仅方便了读者学习，而且也能为读者以后的工作提供便利。

　　本书特别适合TensorFlow深度学习的初学者和进阶读者作为自学教程阅读。另外，本书也适合作为相关培训学校的教材，以及各大院校相关专业的教学参考书。